配管技能士を目指す

よくわかる
建築配管 1

● 共通編

よくわかる建築配管作成委員会編

は　し　が　き

　近年，建築設備配管業を取り巻く環境は大きく変化し，さまざまな現場で働く技能者は，コスト縮減，資源・環境問題などを意識しながらつねに技術・技能を向上させ，その裏づけとなる知識を系統的に身につけることが肝要です。

　「よくわかる建築配管」は，1級及び2級配管科技能検定試験の基準及びその細目に示す学科試験の試験科目及びその範囲に準拠し，〈共通編〉及び〈建築配管編〉に分け，技能者が職場において近い将来管理者的立場で活躍できるよう十分配慮し，自学自習できるように編集したものです。

　したがって技能検定試験受検を考える方にはもちろん，さらにこの分野の知識・技能の習得を志す方々にも十分活用していただけると思います。

　なお，本書は長い歴史を持つ東京都管工事工業協同組合向上訓練（1・2級技能士課程）の講師の皆さんをはじめ，次の方々のご協力により作成したもので，その労に対し深く謝意を表します。

〈改訂委員〉

上　杉　貴　志	株式会社上杉設備
金　子　達之輔	金子設備工業株式会社
唐　沢　祐　治	株式会社唐沢工業所
高　柳　茂　宣	株式会社親和設備
椿　　　浩　一	株式会社椿工業所
林　部　純一郎	株式会社林部商会
平　野　吉　春	有限会社フタバ設備工業
保　科　　　悟	株式会社ホシナ設備
松　本　良　次	有限会社松本設備工業所

（委員名は五十音順）

平成31年2月

〈よくわかる建築配管作成委員会〉

目　　次

第1編　基礎知識

第1章　流体の基礎 ——— 1
第1節　水の物理的性質 ——— 1
1．1　水の密度 (*1*)
第2節　水の性質 ——— 2
2．1　大気圧 (*2*)　2．2　ゲージ圧力と絶対圧力 (*2*)
2．3　水頭と水圧 (*2*)　2．4　サイホン作用 (*3*)
2．5　流速と流量 (*3*)
第3節　管抵抗 ——— 4
3．1　配管抵抗の種類 (*4*)
第4節　水質 ——— 5
4．1　飲料水 (*5*)　4．2　工業用水及び再利用水 (*6*)

第2章　熱力学の基礎 ——— 8
第1節　熱の性質 ——— 8
1．1　温度 (*8*)
第2節　熱による状態の変化 ——— 9
2．1　気化・沸騰・液化 (*9*)　2．2　顕熱及び潜熱 (*9*)
2．3　比熱 (*10*)　2．4　融解及び凝固 (*10*)
2．5　熱膨張 (*10*)
第3節　その他の物理的性質 ——— 11
3．1　引火点及び発火点 (*11*)

第2編　材　　料

第1章　管 ——— 13
第1節　鋼管及び鋳鉄管 ——— 14
1．1　鋼管 (*14*)　1．2　鋳鉄管 (*18*)

第2節 非鉄金属管 ──────────────────────── 19
 2．1 銅 管 (*19*) 2．2 鉛 管 (*20*)

第3節 非 金 属 管 ──────────────────────── 20
 3．1 プラスチック管 (*20*) 3．2 コンクリート管 (*24*)
 3．3 陶 管 (*25*)

第2章 管継手及び伸縮管継手 ─────────────── 26
第1節 管 継 手 ──────────────────────── 26
 1．1 鋼管用管継手 (*26*) 1．2 鋳鉄管用管継手 (*30*)
 1．3 銅管用管継手 (*31*) 1．4 非金属管用管継手 (*32*)

第2節 伸縮管継手 ──────────────────────── 34
 2．1 スリーブ形伸縮管継手 (*34*) 2．2 ベローズ形伸縮管継手 (*35*)
 2．3 ベンド継手 (*36*) 2．4 ボールジョイント (*36*)

第3節 その他の管継手 ──────────────────── 36
 3．1 防振用管継手 (*36*) 3．2 フレキシブル継手 (*37*)
 3．3 防食継手 (*37*)

第3章 弁　　類 ─────────────────────── 39
第1節 弁　　類 ──────────────────────── 39
 1．1 仕切弁（ゲートバルブ）(*39*) 1．2 玉形弁（ストップバルブ）(*39*)
 1．3 逆止め弁（チャッキバルブ）(*40*)
 1．4 バタフライ弁（バタフライバルブ）(*41*)
 1．5 コック及びボールバルブ (*42*) 1．6 圧力調整弁及び温度調整弁 (*42*)
 1．7 ボールタップ及び定水位調整弁 (*43*)

第4章 ガスケット及びパッキン ───────────── 45
第1節 フランジ用ガスケット ──────────────── 45
 1．1 ゴム及び加工品 (*45*) 1．2 合成樹脂ガスケット (*45*)
 1．3 金属ガスケット (*46*)

第2節 ねじ込み用ガスケット ──────────────── 47
第3節 グランドパッキン ────────────────── 47

第5章 支持金物，ボルト・ナット ──────────── 49
第1節 支 持 金 物 ────────────────────── 49
 1．1 水平配管支持金物 (*49*) 1．2 立て管支持金物 (*50*)
 1．3 固定金物 (*50*) 1．4 防振支持金物 (*50*)
 1．5 耐震支持金物 (*50*)

第2節　ボルト・ナット ─────────────────────── 51
　　　　　2．1　ボルトの種類と形状 (51)　2．2　ナットの種類と形状 (52)

第6章　配管付属品の種類及び用途 ──────────────────── 53
　　第1節　給　水　栓 ──────────────────────────── 53
　　　　　1．1　給水栓の種類 (53)
　　第2節　ト ラ ッ プ ──────────────────────────── 55
　　　　　2．1　排水トラップ (55)　2．2　蒸気トラップ (55)
　　第3節　阻　集　器 ──────────────────────────── 56
　　　　　3．1　各種の阻集器 (56)
　　第4節　ストレーナ ──────────────────────────── 58
　　　　　4．1　各種のストレーナ (58)

第7章　ろう材，溶接棒，接着剤などの種類及び用途 ─────────── 61
　　第1節　ろう材，溶接棒，接着剤など ──────────────────── 61
　　　　　1．1　ろう材 (61)　1．2　溶接棒 (62)
　　　　　1．3　ゴム輪 (62)　1．4　接着剤 (63)
　　　　　1．5　モルタル (63)

第8章　関連工事用材料の種類，性質及び用途 ───────────── 65
　　第1節　熱絶縁（被覆）材料の種類，性質及び用途 ─────────── 65
　　　　　1．1　保温・保冷材料 (65)　1．2　外装・補助剤 (67)
　　第2節　塗料の種類，性能及び用途 ────────────────── 68
　　　　　2．1　塗　料 (68)　2．2　塗料の種類 (68)
　　第3節　コンクリートの種類，性質及び用途 ──────────────── 70
　　　　　3．1　コンクリートの定義 (70)　3．2　呼称と定義 (70)
　　　　　3．3　コンクリートの特徴 (71)　3．4　レディーミクストコンクリート (72)

　　　　　　　　　　　　　第3編　施工法一般

第1章　管の接合 ──────────────────────────── 75
　　第1節　鋼管の接合 ──────────────────────────── 75
　　　　　1．1　鋼管の切断 (75)　1．2　鋼管の接合 (78)
　　　　　1．3　ねじ切り機の種類 (80)　1．4　ねじ接合 (82)
　　第2節　ライニング鋼管の接合 ────────────────────── 85
　　　　　2．1　ライニング鋼管の切断 (85)　2．2　ライニング鋼管のねじ接合 (85)

4 目次

第3節 銅管の接合 ———————————————————————— 87
 3．1 銅管の切断（87） 3．2 銅管の接合（88）

第4節 硬質ポリ塩化ビニル管の接合 ———————————————— 90
 4．1 硬質ポリ塩化ビニル管の切断（90） 4．2 硬質ポリ塩化ビニル管の接合（90）

第5節 ポリエチレン管・架橋ポリエチレン管・ポリブテン管の接合 ——— 92
 5．1 ポリエチレン管・架橋ポリエチレン管・ポリブテン管の切断（92）
 5．2 ポリエチレン管・架橋ポリエチレン管・ポリブテン管の接合（92）

第6節 ステンレス鋼鋼管の接合 —————————————————— 94
 6．1 ステンレス鋼鋼管の切断（94） 6．2 ステンレス鋼鋼管の接合（94）

第7節 鋳鉄管の接合 ———————————————————————— 98
 7．1 鋳鉄管の切断（98） 7．2 鋳鉄管の接合（98）

第8節 異種管接合 ————————————————————————— 100
 8．1 一般的な注意事項（100） 8．2 異種管の接合（100）

第2章 管曲げ ———————————————————————————— 106

第1節 鋼管の曲げ加工 ———————————————————————— 106
 1．1 機械による管曲げ（106）

第2節 排水用鉛管の曲げ加工 ———————————————————— 108
 2．1 排水用鉛管のから曲げ（108）

第3節 プラスチック管の曲げ加工 —————————————————— 110
 3．1 硬質塩化ビニル管のから曲げ（110）
 3．2 水道用ポリエチレン二層管の曲げ加工（111）

第4節 銅管の曲げ加工 ———————————————————————— 112
 4．1 手曲げ加工（113）
 4．2 スプリングベンダ加工（113）
 4．3 手動パイプベンダ加工（113）
 4．4 電動パイプベンダ加工（115）

第5節 ステンレス鋼鋼管の曲げ加工 ————————————————— 115
 5．1 ステンレス鋼鋼管用パイプベンダ（115）
 5．2 ステンレス鋼鋼管用パイプベンダによる管曲げ加工（116）

第3章 せん孔 ———————————————————————————— 119

第1節 水道用鋳鉄管のせん孔 ———————————————————— 119
 1．1 一般的な注意事項（119） 1．2 サドル付分水栓方式（119）

第4章 溶接 ———————————————————————————— 124

第1節　溶接の種類と特徴 ―――――――――――――――――――――― 124
 1．1　溶接法の分類（124）　1．2　溶接の利用と特徴（125）
 1．3　溶接継手の種類（125）
第2節　ガス溶接及びガス切断 ――――――――――――――――――― 126
 2．1　ガス溶接（126）　2．2　ガス切断（129）
第3節　ろう付け ――――――――――――――――――――――――― 130
第4節　被覆アーク溶接 ――――――――――――――――――――――― 131
 4．1　被覆アーク溶接（132）　4．2　ティグ溶接（133）
 4．3　ミグ溶接（133）
第5節　溶接欠陥と防止方法 ―――――――――――――――――――― 135
 5．1　欠陥の原因と防止法（135）

第5章　管施設の機能試験 ――――――――――――――――――――― 138
第1節　配管施工中の漏えい試験 ―――――――――――――――――― 138
 1．1　漏えい試験の種類（138）
第2節　圧力，流量及び温・湿度の測定 ――――――――――――――― 142
 2．1　圧力の測定（142）　2．2　流量の測定（144）
 2．3　温度の測定（146）　2．4　湿度の測定（147）

第6章　管の被覆及び塗装 ――――――――――――――――――――― 149
第1節　被覆工事 ―――――――――――――――――――――――――― 149
 1．1　保温保冷材料（149）　1．2　保温被覆の厚さ（150）
 1．3　被覆工事の一般事項（150）
第2節　塗装工事 ―――――――――――――――――――――――――― 153
 2．1　塗装の目的（153）　2．2　塗装工法（153）
 2．3　ペイント塗装（155）　2．4　識別（157）

第4編　製　　　図

第1章　日本工業規格に定める図示法 ―――――――――――――――― 161
第1節　一般原則 ―――――――――――――――――――――――――― 161
第2節　管の接続部と装置の表示 ―――――――――――――――――― 166
第3節　換気系及び排水系の末端装置の図示方法 ――――――――――― 168

第2章　等角投影図 ――――――――――――――――――――――――― 170
第1節　座標軸方向以外の配管の図示方法 ――――――――――――――― 170

第2節 寸法記入及び特別な規則 ──────────── 172
第3節 図　記　号 ──────────────── 173
第3章 材　料　記　号 ──────────────── 177
　第1節 鉄鋼記号の表し方 ──────────────── 177
　第2節 非鉄金属材料の記号と表し方 ──────────── 178
　第3節 管のJIS記号 ──────────────── 180

第5編　関　係　法　規

第1章 関係法令の目的 ──────────────── 183
第2章 給排水衛生設備 ──────────────── 186
　第1節 給　水　設　備 ──────────────── 186
　　1．1 給水装置の構造及び材質，工事 (186)
　　1．2 建築物に設ける給水，配管設備の設置及び構造 (187)
　第2節 排　水　設　備 ──────────────── 190
　　2．1 排水設備の設置等 (190)
　　2．2 建築物に設ける排水の配管設備の設置及び構造 (190)
第3章 換気設備，空調設備 ──────────────── 193
　第1節 換　気　設　備 ──────────────── 193
　　1．1 換気設備 (193)　1．2 換気設備の技術的基準 (194)
　　1．3 換気設備の構造方法を定める件 (196)
　第2節 空　調　設　備 ──────────────── 197
　　2．1 中央管理方式の空気調和設備の構造方法を定める件 (197)
第4章 消　火　設　備 ──────────────── 199
　第1節 防火対象物の指定 ──────────────── 199
　第2節 屋内消火栓設備の基準 ──────────────── 200
　　2．1 屋内消火栓設備 (200)

第6編　安　全　衛　生

第1章 安全衛生一般 ──────────────── 205
　第1節 労　働　災　害 ──────────────── 205
　　1．1 労働災害の発生原因 (205)　1．2 労働災害防止対策 (206)

　　　　1．3　安全衛生管理体制《207》　1．4　環境問題への取組み《207》

　　　　1．5　ヒューマンエラー事故防止対策の取組み《208》

　第2節　設備・環境の安全化 ─────────────────────── 208

　　　　2．1　設備・環境の安全化の基本《209》　2．2　機械・設備の安全化《209》

　　　　2．3　作業環境の改善《209》　2．4　安全点検《210》

　第3節　手　工　具 ─────────────────────────── 211

　　　　3．1　手工具の管理・保管《211》　3．2　使用中の管理《211》

　　　　3．3　手工具類の運搬《212》

　第4節　感 電 災 害 ─────────────────────────── 212

　　　　4．1　感電災害の防止対策《212》　4．2　電気設備面の安全対策《212》

　　　　4．3　電気作業面の安全対策《213》　4．4　その他《213》

　第5節　墜落災害の防止 ───────────────────────── 213

　　　　5．1　高所作業での墜落の防止《213》　5．2　足場の組立《214》

　　　　5．3　脚立の使用《214》　5．4　開口部からの墜落の防止《215》

　　　　5．5　高所作業車の使用《215》

　第6節　原　材　料 ─────────────────────────── 215

　　　　6．1　爆発・火災災害の防止《216》　6．2　有害物《216》

　第7節　有害物抑制装置 ───────────────────────── 216

　　　　7．1　有害物抑制装置の留意事項《216》

　第8節　作 業 手 順 ─────────────────────────── 217

　　　　8．1　作業手順の作成の意義と必要性《217》　8．2　作業手順の定め方《217》

　第9節　業務上疾病の原因とその予防 ────────────────── 218

　　　　9．1　有害光線《218》　9．2　騒　音《218》

　　　　9．3　振　動《219》　9．4　有害ガス・蒸気《219》

　　　　9．5　粉じん《219》　9．6　酸素欠乏症《220》

　第10節　整理整とん及び清潔の保持 ─────────────────── 221

　　　　10．1　整理整とんの目的《221》　10．2　整理整とんの要領《221》

　　　　10．3　清潔の保持《221》

　第11節　事故等における応急措置及び退避 ─────────────── 221

　　　　11．1　異常事態の発見時の措置《222》　11．2　退　避《222》

第2章　労働安全衛生法とその関係法令 ────────────────── 224

　第1節　総　　　則 ─────────────────────────── 224

　　　　1．1　労働安全衛生に関する法令及びその名称《224》

　　　　1．2　労働安全衛生法の目的 (224)
第2節　安全衛生管理体制 ──────────────────────── 224
　　　　2．1　総括安全衛生管理者 (225)　2．2　安全管理者 (225)
　　　　2．3　衛生管理者 (225)　2．4　産業医 (225)
　　　　2．5　作業主任者 (225)　2．6　安全衛生推進者等 (226)
第3節　労働災害を防止するための措置 ───────────────── 226
　　　　3．1　事業者の講ずべき措置等 (226)　3．2　労働者の責務 (227)
第4節　安全衛生教育 ──────────────────────── 228
　　　　4．1　雇入れ時の教育 (228)　4．2　作業内容変更時の教育 (228)
　　　　4．3　特別教育 (228)
第5節　就業制限 ────────────────────────── 229
　　　　5．1　免許の必要な業務（抜粋）(229)
　　　　5．2　技能講習修了の必要な業務（抜粋）(229)
第6節　健康管理・作業環境管理 ───────────────────── 230
　　　　6．1　健康診断 (230)　6．2　作業環境の測定 (231)

練習問題の解答 ─────────────────────────── 233
索　　　引 ──────────────────────────── 241

第1編 基礎知識

配管に関する基礎知識として，流体（主として水）の物理的性質と熱による物質の変化について述べる。

第1章 流体の基礎

ここでは，水の密度，圧力や抵抗などの物理的性質と，水質に求められる化学的性質について述べる。

第1節 水の物理的性質

1．1 水の密度

密度とは，単位体積当たりの質量である。水は，標準大気圧（1気圧）のもとで，温度が4℃のときに最大の質量をもち，このときの水1m^{3}の質量が1000kgである。これより温度が上がっても下がっても，水の体積は膨張するので，密度は減少する。例えば，4℃の水の密度は1000kg/m^{3}であるが，0℃の水の密度は999.8kg/m^3，10℃では999.7kg/m^{3}となる。

鉄は7800kg/m^3，水銀は13600kg/m^3，海水は水の中に多量の塩分を含み，一般には1025kg/m^{3}とされている。表1－1に水の密度を示す。

表1－1 水の密度

温度 [℃]	密度 [kg/m^3]
0	999.8
4	1000.0
10	999.7
20	998.2
30	995.7
40	992.2
50	988.0
60	983.2
70	977.8
80	971.8
90	965.3
99	959.1

第2節 水の性質

2.1 大気圧

圧力とは，流体が単位面積に及ぼす力である。

面積1m²当たりに1N（ニュートン）の力が働くときの圧力を基準にとり，1Pa（パスカル＝N/m²）と表す。

我々が生活している地上は，地球の表面を覆っている大気の底にあたる。したがって地上のものは，常に大気の圧力を受けている。図1-1に示すように，液体を満たした容器の中に，長いガラス管を立てて，その頂部から真空ポンプで空気を吸い出していくと，液体はガラス管内を昇ってくる。ガラス管内の空気を全部排除できて，完全に真空になったとき，液体が上昇して静止した高さをHmとする。このとき，大気圧は真空より，液体の高さに相当する圧力だけ高いことになる。

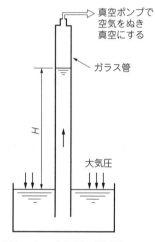

図1-1　大気圧の測定法

液体が水銀のときは$H=0.76$mとなり，水の場合は$H=10.33$mとなることが実験から知られている。これを**標準大気圧**（1気圧）といい，1013.25hPa（ヘクトパスカル＝100Pa）である。

2.2 ゲージ圧力と絶対圧力

普通の圧力計は測定すべき容器内の圧力と，圧力計周囲の大気圧との差を指示するものである。これを**ゲージ圧力**という。これに対して完全真空状態を基準として測った圧力を，**絶対圧力**という。すなわち，

$P_A = P_G + P_O$

ただし，P_Aは絶対圧力，P_Gはゲージ圧力，P_Oは大気圧である。

2.3 水頭と水圧

図1-2に示すような容器に，水をHmの高さまで入れたとき，容器の底に加わる圧力は，容器の形状に関係なく水の高さにより決定される。

この高さHmを**圧力水頭**，又は**静水頭**という。

容器の底に加わる圧力Pは，この圧力水頭Hmに，水の密度ρ kg/m³と重力加速度g（＝9.8m/s²）を掛けたものになる。

$P = \rho g H$ ［Pa］

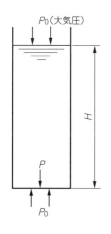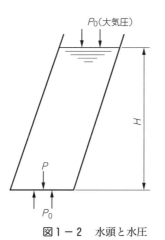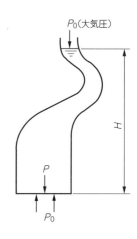

図1-2 水頭と水圧

2.4 サイホン作用

図1-3のような曲がり管に水を満たして、その両端を指で押さえたまま短脚aの端部を容器Aの水の中に入れ両端を離すと、A容器の水は短脚を吸い上がって長脚のほうへ流れB容器に入る。これを**サイホン作用**といい、この曲がり管を**サイホン管**という。給排水・衛生設備ではこのサイホン作用の原理を大小便器の洗浄装置などに利用している。

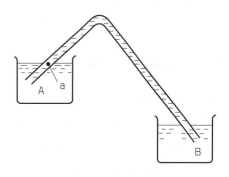

図1-3 サイホン作用

2.5 流速と流量

(1) 流速

水の流れの横断面上の流速分布を測ってみると、各点の流速が同じでなく、水路に接する点が最小流速で、中央が最大流速となる。例えば、配管の中を流れる水の流速は、図1-4(a)に示すように管の内壁付近では、内壁との摩擦によって流れが妨げられるので、流速は最小となり、中心線C、C'においては最大流速となる。開きょ又は河川断面においては、流速の等しい点を結ぶ等速度線は、図(b)のようになって、最大流速は、水面から1/4～1/3の深さのところに現れる。しかし、実用上流速は、横断面の流速の平均値で示す。これを**平均流速**又は単に**流速**という。

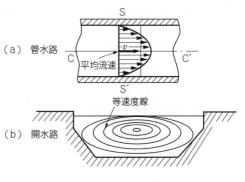

図1-4 流速

(2) 流量

水流のある断面を横切って，単位時間に通過する水の体積を，その断面における流量という。水流の横断面積を流積というが，流量 Q（m³/s）は，平均流速 v（m/s）に，流積 A m² を乗じて求められる。

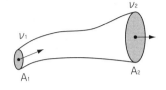

図1-5 連続の式

$$Q = vA \ [\text{m}^3/\text{s}]$$

また，図1-5に示すように流積が変化しても，流量は一定なので，流積と流速の間には次式が成り立つ。

$$Q = v_1 A_1 = v_2 A_2 \ [\text{m}^3/\text{s}]$$

これを**連続の式**という。

第3節 管 抵 抗

3.1 配管抵抗の種類

(1) 直管の摩擦抵抗

水が管内を流れるときに，管内壁と水の分子との摩擦によって生じる抵抗を，摩擦抵抗という。長い配管系においては，全抵抗の大部分をこの摩擦抵抗が占める場合がある。直管の摩擦抵抗には，一般に，次の関係がある。

① 配管の長さ(l)に比例する。
② 流速 v の2乗に比例する。
③ 配管の摩擦係数 λ に比例する。

これは次式のように表され，**ダルシー・ワイスバッハの式**という。

$$\Delta p \ (\text{又は} \Delta h) = \lambda \cdot \frac{l}{d} \cdot \frac{1}{2} \rho v^2 \ [\text{Pa}] \ (\text{又は} [\text{mAq}])$$

ここに

Δp：長さ(l)の直管における摩擦抵抗 [Pa]
Δh：長さ(l)の直管における摩擦損失水頭 [mAq]
λ：管摩擦係数
(l)：直管の長さ [m]
d：管の内径 [m]
v：管内平均流速 [m/s]

ρ：流体の密度［kg/m³］

（2）継手類や弁類の摩擦抵抗

　配管系には直管部分に加え，エルボ*¹，ティー*²(T)，バルブ*³などがある。これらによる抵抗を局部抵抗という。局部抵抗は，直管に換算した相当管長で表すことができる。表1－2に，配管用炭素鋼鋼管の例を示す。

表1－2　継手・弁類局部抵抗の相当管長（m）

呼び径*⁴		90°エルボ	45°エルボ	90°T枝管（分流）	90°T主管（直流）	仕切弁*⁵	玉形弁*⁶	アングル弁*⁷
A	B							
15	½	0.60	0.36	0.9	0.18	0.12	4.5	2.4
20	¾	0.75	0.45	1.2	0.24	0.15	6.0	3.6
25	1	0.90	0.54	1.5	0.27	0.18	7.5	4.5
32	1¼	1.20	0.72	1.8	0.36	0.24	10.5	5.4
40	1½	1.50	0.90	2.1	0.45	0.30	13.5	6.6
50	2	2.10	1.20	3.0	0.60	0.39	16.5	8.4
65	2½	2.40	1.50	3.6	0.75	0.48	19.5	10.2
80	3	3.00	1.80	4.5	0.90	0.60	24.0	12.0
90	3⅓	3.60	2.10	5.4	1.08	0.72	30.0	15.0
100	4	4.20	2.40	6.3	1.20	0.81	37.5	16.5
125	5	5.10	3.00	7.5	1.50	0.99	42.0	21.0

第4節　水　　質

4．1　飲　料　水

　水道水の水質基準は，水道法第4条，厚生労働省令第135条などにより規定されている。表1－3は，厚生労働省令第135条による上水道の水質基準で，この基準に抵触するものについては適当な方法で水処理し，厚生労働大臣が指定する者の水質検査に合格しなければ飲料として使用することはできない。また，水道水は塩素殺菌が法的に義務づけられている。

---

* 1　エルボ：互いにある角度をなす管の接続に用いられ，曲率半径が比較的小さい管継手のことをいう。
* 2　ティー（T）：管をT字状に接続するために用いられるT形の管継手のことをいう。
* 3　バルブ：液体を通したり，止めたり，制御したりするため，流体の通路を開閉することができる可動機構をもった機器の総称である。
* 4　呼び径：配管直径のサイズの呼び方にA呼称とB呼称がある。A呼称は近似直径をmmで，B呼称はインチで表したものである。例として25A＝1B，100A＝4B
* 5　仕切弁（ゲート弁）：弁体が流体の通路を垂直に仕切って開閉を行い，流体の流れが一直線上になるバルブの総称である。
* 6　玉形弁（グローブ）：一般に球形の弁箱を持ち，入口と出口の中心線が一直線上にあり，流体の流れがS字状となるバルブのことをいう。
* 7　アングル弁：弁箱の入口と出口の中心線が直角で，流体の流れ方向が直角に変わるバルブのことをいう。

表1-3　上水道の水質基準（平成27年厚生労働省令第29条）

1	一般細菌	100個/ml以下
2	大腸菌	検出されないこと
3	カドミウム及びその化合物	0.003mg/L以下
4	水銀及びその化合物	0.0005mg/L以下
5	セレン及びその化合物	0.01mg/L以下
6	鉛及びその化合物	0.01mg/L以下
7	ヒ素及びその化合物	0.01mg/L以下
8	六価クロム化合物	0.05mg/L以下
9	亜硝酸態窒素	0.04mg/L以下
10	シアン化物イオン及び塩化シアン	0.01mg/L以下
11	硝酸態窒素及び亜硝酸態窒素	10mg/L以下
12	フッ素及びその化合物	0.8mg/L以下
13	ホウ素及びその化合物	1.0mg/L以下
14	四塩化炭素	0.002mg/L以下
15	1,4-ジオキサン	0.05mg/L以下
16	シス-1,2-ジクロロエチレン及びトランス-1,2-ジクロロエチレン	0.04mg/L以下
17	ジクロロメタン	0.02mg/L以下
18	テトラクロロエチレン	0.01mg/L以下
19	トリクロロエチレン	0.01mg/L以下
20	ベンゼン	0.01mg/L以下
21	塩素酸	0.6mg/L以下
22	クロロ酢酸	0.02mg/L以下
23	クロロホルム	0.06mg/L以下
24	ジクロロ酢酸	0.03mg/L以下
25	ジブロモクロロメタン	0.1mg/L以下
26	臭素酸	0.01mg/L以下
27	総トリハロメタン	0.1mg/L以下
28	トリクロロ酢酸	0.03mg/L以下
29	ブロモジクロロメタン	0.03mg/L以下
30	ブロモホルム	0.09mg/L以下
31	ホルムアルデヒド	0.08mg/L以下
32	亜鉛及びその化合物	1.0mg/L以下
33	アルミニウム及びその化合物	0.2mg/L以下
34	鉄及びその化合物	0.3mg/L以下
35	銅及びその化合物	1.0mg/L以下
36	ナトリウム及びその化合物	200mg/L以下
37	マンガン及びその化合物	0.05mg/L以下
38	塩化物イオン	200mg/L以下
39	カルシウム，マグネシウム等（硬度）	300mg/L以下
40	蒸発残留物	500mg/L以下
41	陰イオン界面活性剤	0.2mg/L以下
42	ジェオスミン	0.00001mg/L以下
43	2-メチルイソボルネオール	0.00001mg/L以下
44	非イオン界面活性剤	0.02mg/L以下
45	フェノール類	0.005mg/L以下
46	有機物（全有機炭素（TOC）の量）	3 mg/L以下
47	pH値	5.8以上8.6以下
48	味	異常でないこと
49	臭気	異常でないこと
50	色度	5度以下
51	濁度	2度以下

4．2　工業用水及び再利用水

　工業用水は，浄水場で浮遊物の沈殿処理を施されたもので，水道水と異なりろ過と塩素処理は施されていない。主として，化学，鉄鋼，石油，石炭，繊維工業などで冷却用，洗浄用などに利用されて

いる。最近は，ビルの清掃用，洗車用，散水用，空調冷却水用，環境修景用などの利用もある。工業用水の水質基準は，地方自治体により条例で規定されている。

また，近年水資源の有効利用のために，ビルなどでは雑排水を水処理して排水再利用を行ったり，スポーツ施設のように屋根面積の大きい建物では雨水利用をしたりしている。これらの水は，便器の洗浄水や散水などの非飲料水として使用される。

【練習問題】

次の文章の中で，正しいものには○印を，誤っているものには×印をつけなさい。

（1） 圧力のSI単位では，1 m^2当たりに1 Nの力が働くとき1 Paである。
（2） ① 直管の摩擦抵抗は，配管の長さに比例する。
　　　② 直管の摩擦抵抗は，流速の2乗に比例する。
　　　③ 直管の摩擦抵抗は，管の内径に比例する。
　　　④ 直管の摩擦抵抗は，配管の摩擦係数に比例する。
（3） 配管用炭素鋼鋼管の25Aの90°エルボの局部抵抗の相当管長は0.5mである。

第2章　熱力学の基礎

ここでは，熱の性質としての温度及び熱による物質の状態変化について述べる。

第1節　熱の性質

1.1　温　　度

物体に熱が伝わって物体内部の熱エネルギーが増加した結果，その物体は熱くなる。逆に熱を失った物体は冷たくなる。この熱さや冷たさを数量的に表したものが温度である。温度を測るには温度計（液体の体積膨張を利用した温度計，電気抵抗温度計，赤外線放射温度計など）を用いるが，基準点の取り方でセ氏温度，カ氏温度及び絶対温度がある。

(1) セ氏温度及びカ氏温度
① セ氏温度
　標準大気圧（1013.25hPa）のもとで純水が凍る温度（氷点）を0度，沸騰するときの温度（沸点）を100度とし，その間を100等分したものを1度とし，記号〔℃〕で表す。我が国の計量法では，このセ氏の温度表示を採用している。
② カ氏温度
　この表示は欧米で使われているもので，氷点を32度，沸点を212度とし，その間を180等分したものである。表示は〔°F〕で表す。

(2) 絶対温度
　大気圧のもとで気体は，温度が1℃変化するごとに0℃のときの体積の1/273ずつ変化する。すなわち，0℃から温度が1℃下がると体積は272/273に収縮する。したがって，0℃から温度が下がって零下273℃（−273℃）になったときには0/273となり，理論的に気体は存在しないことになる。この−273℃を基準にしたものが**絶対温度**で，−273℃を絶対温度の0度（0Kと書く）とする。

絶対温度 T 〔K〕とセ氏温度 t 〔℃〕との間には，$T=t+273$〔K〕の関係があり，0℃は273K，気温25℃は298K（25+273）となる。この**絶対温度**は，熱力学で扱う気体の膨張及び収縮には重要な温度である。

なお，温度差の単位としてK（ケルビン）を用いる。ここで温度差1Kは1℃の温度差と等しい。

第2節　熱による状態の変化

2．1　気化・沸騰・液化

　開放された容器に水を入れて熱すると，水の温度が上がるにつれて，水面からの蒸発は次第に盛んになる。一般に，液体が蒸発して気体になることを**気化**という。これをさらに加熱し続けると，だんだん温度は上がる。ところが，標準大気圧においては，100℃（図1－6におけるD～E点）になると，加熱を続けても，水の温度は上がらなくなる。このときの温度を**沸騰点**又は**沸点**という。この状

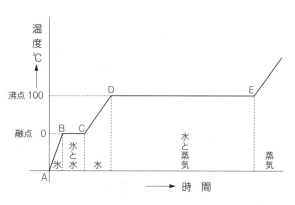

図1－6　温度と水の状態の変化

態においては，水面から蒸発するばかりではなく，水中からも蒸発し，気泡が上がるようになる。この現象を**沸騰**という。

　また，**液化**というのは，気化の逆の現象で，気体が同物質の液体になることをいい，一般には，気体を冷却して熱を奪い取ると液化する。

2．2　顕熱及び潜熱

　水を熱すると，沸騰点に達するまでは，水に加えられた熱量は温度の上昇となって現れる。これを**顕熱**（けんねつ）という。例えば1kgの水を16℃から100℃まで上げるのに必要な顕熱は，(100-16)×1kg×4.19kJ＝351.96kJである（注；1kcal＝4.19kJ）。

　ところで，100℃の水を大気圧の下で，さらに加熱していくと，続けて沸騰が起こる。このときの水の温度は100℃以上に上がらないが，発生する蒸気もやはり100℃である。すなわち，加えられた熱量は，温度上昇ではなく水を蒸気に変えるために費やされたのである。蒸気はそれだけの熱を吸収し保有している。これを**気化熱**，**蒸発熱**，**蒸発潜熱**又は単に**潜熱**という。

　蒸発するときに必要な熱量を調べてみる。実験の結果，標準大気圧において，温度100℃，1kgの水が，全部100℃の蒸気になるのに，2257kJの熱量を吸収する。つまりこれだけの熱量を加えなければ，100℃の水が100℃の蒸気にならない。したがって水の気化熱は2257kJ/kgということになる。

　これとは逆に，蒸気が同温度の水になる場合は，気体の保有する熱を外部に放出する。つまり，液化するには，蒸気を冷やさなければならない。

2．3 比　　熱

一般に，水1kgを1K上げるために要した熱量を1としたとき，他の物質1kgを1K上げるのに要した熱量の比較値を，その物質の比熱という。主な物質の比熱を表1－4に示す。

表1－4　比　熱

(kJ/kgK)

固　体	比熱	液　体	比熱	気　体	比熱
鋳　鉄	0.503	水	4.18	空気（乾燥）	1.005
炭素鋼	0.473	海　水	3.93	二酸化炭素	0.8518

2．4　融解及び凝固

一般に，固体が液体になることを**融解**，液体が固体になることを**凝固**というが，氷が融解して水になるとき，外部から熱が加わっても氷の温度は上がらない。この熱は氷が溶けるのに使われる熱量で，これを**融解熱**という。また，水が凍って固体（氷）になるとき，熱を奪い取ってやらなければならない。これを**凝固熱**という。融解熱と凝固熱とは同じ値であり，水の融解熱又は凝固熱は1kgにつき333kJである。

例えば，鉛コーキングなどで経験することであるが，溶けた鉛はすぐ固まるのに対して，水が凝固して氷になるのには相当時間がかかる。これは，水の凝固熱が333kJ/kgであるのに対して，鉛のそれはわずかに23.1kJ/kgであるためである。

2．5　熱　膨　張

(1) 固体の膨張

普通，物体は温度が上昇すると，全体の大きさが大きくなる。すなわち，膨張することになる。

膨張係数は単位長さ（又は単位体積）のものが，温度1K（1℃）上昇したときの膨張量（長さ又は体積）をいう。

(2) 液体の膨張

液体も一般には温度が上昇すると膨張する。この場合には固体のような特定の形をもっていないので，体膨張を考える。液体の場合には，体膨張係数で与えられている。

各種物質の膨張係数を表1－5に示す。

表1-5 物質の膨張係数

固体	温度範囲〔K〕	線膨張係数 ×10⁻⁶〔K⁻¹〕	液体	温度範囲〔K〕	体膨張係数 ×10⁻³〔K⁻¹〕
鉄（鋳鉄）	40	10.5	アルコール（エチル）	20	1.12
〃（炭素鋼）	40	12.2	エーテル	20	0.656
銅	40	17.7	水銀	20	0.181
鉛	40	29.2	水	5〜10	1.053
黄銅	20	18.9	〃	10〜20	0.15
ガラス	0〜100	8.3	〃	20〜40	0.302
セメント	20	10〜14	硫酸	20	0.558
水	-20〜0	51			
18-8ステンレス	20	16.4			

$$(10^{-6}=\frac{1}{1000000},\ 10^{-3}=\frac{1}{1000})$$

（3）気体の膨張

気体も液体と同様、体膨張を考えればよい。シャルルの法則によれば、定温定圧における気体の膨張率は気体の種類に関係なく、ほとんど同一の値をもつ。気体は1Kにつき、$1/273=0.366\times 10^{-2}$膨張するので、体膨張係数は$0.366\times 10^{-2}$〔K⁻¹〕である。

第3節　その他の物理的性質

3．1　引火点及び発火点

（1）引火点

気体又は揮発性の液体から発生する蒸気が、空気と混ざって他から火炎を近づけたとき瞬間的にせん光*を発して燃焼を起こす最低の温度を、引火点という。油脂類（動植物油）は熱してもほとんど蒸発を起こさないから、一般に引火点は非常に高く200℃以上である。引火点に達すると、一般に油脂は分解を始める。鉱油はその組成により引火点が異なる。表1-6に鉱油の引火点を示す。

＊　せん光：閃光と書き、瞬間的に発する光のことをいう。

表1-6 鉱油の引火点

種別	引火点〔℃〕
スピンドル油	135〜180
蒸気タービン油	180
重質機械油	165〜200
内燃機関油	160〜180
原油, ガソリン, ベンゾール	21未満
灯油, 軽油, ヂーゼル油	21〜70未満
重油, 潤滑油	70〜200未満
ギヤー油, シリンダ油	200以上

(2) 発火点

空気中で可燃性物質を加熱した場合，火炎，火花などを近づけなくとも発火し，燃焼を開始する最低の温度を発火点という。主な固体の発火点を表1-7に示す。

表1-7 発火点

物質	発火点〔℃〕
木材	250〜260
イオウ	232
新聞紙	291
木炭	250〜300
セルロイド	180

【練習問題】

次の文章の中で，正しいものには○印を，誤っているものには×印をつけなさい。。

(1) 絶対温度の273Kはセ氏温度の0度である。
(2) 標準大気圧で100℃の水が全部100℃の蒸気になるには2257kJ/kgの熱量を吸収する。
(3) 1kcal＝1kJである。
(4) 1kgの水の温度を10℃上げるには41.86kJの熱量を要する。
(5) 気体は1Kの温度上昇に伴い，1/200体積膨張する。

第2編　材　料

配管材料は，流体搬送のための配管経路を構成する管材，それらを接続したり分岐又は屈曲したりするときに用いる管継手，それらの付属品である弁類，トラップ類，配管の断熱材などから成り立っている。

第1章　管

配管に用いられる管材を，材質によって分類すると，金属管（鋼管，鋳鉄管，非鉄金属管等）及び非金属管（プラスチック管，コンクリート管等）に分けられる。表2－1に管の種類と用途を示す。

表2－1　管材の用途別区分

区分	管種	名　称	規　格	使用区分											備考
				蒸気	高温水	冷温水	冷却水	熱源水	油	冷媒	給水	給湯	排水	通気	消火	
金属管	鋳鉄管	水道用ダクタイル鋳鉄管	JWWA G 113								○					
		排水用鋳鉄管	JIS G 5525										○	○		
		差込み形（RJ管）											○	○		立て管専用
	鋼管	水配管用亜鉛めっき鋼管	JIS G 3442			○	○	○			○		○	○		*1〜*2の蒸気・高温水・油・冷媒用は黒管とする
		配管用炭素鋼鋼管*1	JIS G 3452	○	○	○	○	○	○				○	○		
		圧力配管用炭素鋼鋼管*2	JIS G 3454	○	○	○	○	○	○							
	ステンレス鋼管	一般配管用ステンレス鋼鋼管	JIS G 3448								○	○			○	
		配管用ステンレス鋼鋼管	JIS G 3459	○	○						○	○			○	
		水道用ステンレス鋼管	JWWA G 115								○					
		水道用波状ステンレス鋼管	JWWA G 119								○					
	ライニング鋼管	水道用硬質塩化ビニルライニング鋼管	JWWA K 116			○					○					SGP-VA/VB/VD
		水道用耐熱性硬質塩化ビニルライニング鋼管	JWWA K 140		○		○				○	○				SGP-HVA
		フランジ付硬質塩化ビニルライニング鋼管	－			○					○					SGP-FVA/FVB/FVD
		フランジ付耐熱性樹脂ライニング鋼管	－		○		○				○	○				
		ナイロンコーティング鋼管	－			○	○									H-FVA/H-FCA
		水道用ポリエチレン粉体ライニング鋼管	JWWA K 132			○					○					SGP-PA/PB・PD
		フランジ付ポリエチレン粉体ライニング鋼管	－			○					○					SGP-FPA/FPB/FPC
		排水用ノンタールエポキシ塗装鋼管	－										○	○		
		排水用硬質塩化ビニルライニング鋼管	－										○	○		SGP-NTA
		消火用硬質塩化ビニル外面被覆鋼管	－												○	D-VA
		ポリエチレン被覆鋼管	JIS G 3469			○	○	○	○							地中埋設配管用
	鉛管	排水・通気用鉛管	－										○	○		

(つづき)

分類		名称	規格									備考
金属管	銅管	銅及び銅合金の継目無管	JIS H 3300		○		○		○	○	●	●	◎	●は小便器系統の使用は除く
		水道用銅管	JWWA H 101							○	○			◎はスプリンクラ系統呼び径65
		外面被覆銅管	JIS H 3330		○		○			○	○			以下に限定使用する銅管はC1020
														又はC1220のK,L,Mとする(ただし、冷却水はC1220とする)
非金属管	プラスチック管	硬質ポリ塩化ビニル管	JIS K 6741											VP(ただし、排水処理管はVUでもよい)
		硬質ポリ塩化ビニル管				○		○		○	○			
		耐衝撃性硬質ポリ塩化ビニル管				○				○	○			HIVP
		水道用硬質ポリ塩化ビニル管	JIS K 6742			○				○				VP/HIVP
		一般用ポリエチレン管	JIS K 6761			○								
		水道用ポリエチレン二層管	JIS K 6762			○								
		架橋ポリエチレン管	JIS K 6769		○		○		○				◎	◎はスプリンクラ系統のアラーム
		ポリブテン管	JIS K 6778		○		○		○				◎	弁以降の、呼び径50以下で使用
		耐熱性硬質ポリ塩化ビニル管	JIS K 6776		○				○				◎	HT:使用温度90℃以下
		水道用架橋ポリエチレン管	JIS K 6787						○					
		水道用ゴム輪形硬質ポリ塩化ビニル管	JWWA K 129						○					Ⅰ型・Ⅱ型
		排水用耐火二層管	―							○	○			Ⅰ型・Ⅱ型
		下水道用硬質ポリ塩化ビニル卵型管	―							○				
		リサイクル硬質ポリ塩化ビニル三層管	JIS K 9797							○				外圧管VU
		リサイクル硬質ポリ塩化ビニル発泡三層管	JIS K 9798							○	○			土中埋設用RS-VU
		下水道用リサイクル三層硬質塩化ビニル管	―							○				建物内排水用RF-VP
		建物用耐火性硬質ポリ塩化ビニル管	―							○	○			下水道用
		金属強化ポリエチレン管	―			○		○		○	○			
コンクリート管		プレキャスト鉄筋コンクリート製品	JIS A 5372							○				Ⅰ類水路用遠心力鉄筋コンクリート管 A形、B形、NB形、C形、NC形

JWWA:日本水道協会規格

第1節　鋼管及び鋳鉄管

1.1　鋼　　管

　鋼管は，鋳鉄管に比べて軽く，引張強さも大きく，また衝撃に対しても強く，施工性・加工性が容易なことから，昭和40年代半ばまで広く使われたが，亜鉛溶出による水道水の白濁，赤水の発生のため，1997年のJIS[*1]改正で上水に使用できなくなった。現在では，上水道以外の水配管（下水，工業用水）ガス用，その他消火用に使用されている。

（1）配管用炭素鋼鋼管（JIS G 3452）（SGP[*2]）

　配管用炭素鋼鋼管には，亜鉛めっきを施していない管（通称黒管又は黒ガス管）と亜鉛めっきを施した管（通称白管又は白ガス管）の2つがある。使用圧力の比較的低い（ほぼ1MPa以下）蒸気，水（上水道を除く），油，ガス，空気などに使用する。製造方法により，鍛接鋼管と電気抵抗溶接鋼管（電縫鋼管）がある。配管表面の文字は黒管は白文字，白管は緑文字である。表2-2に炭素鋼鋼管の外径と厚さを示す。

[*1]　JIS：日本産業規格のこと。
[*2]　SGP：Steel Gas Pipeの略。

表2－2　炭素鋼管の外径と厚さ

呼び径		外径(mm)	厚さ(mm)
A	B		
15	1/2	21.7	2.8
20	3/4	27.2	2.8
25	1	34.0	3.2
32	1¼	42.7	3.5
50	2	60.5	3.8
65	2½	76.3	4.2
80	3	89.1	4.2
90	3½	101.6	4.2
100	4	114.3	4.5
125	5	139.8	4.5

（2）水配管用亜鉛めっき鋼管（JIS G 3442）（SGPW[*1]）

　白管のめっき量を多くしたものが，水配管用亜鉛めっき鋼管で，上水道以外の水配管（空調，消火，排水など）に用いられ，配管表面の文字は赤色で表示されている。

（3）圧力配管用炭素鋼鋼管（JIS G 3454）（STPG[*2]）

　圧力配管用炭素鋼鋼管は，使用温度が350℃程度以下（ほぼ10MPa）の圧力配管に使用される。製造方法から継目無鋼管及び電気抵抗溶接鋼管の2種類がある。引張強さによりSTPG370とSTPG410の2種類がある。370とは引張強さ370N/mm^{2}以上を表す。管の呼び方は「呼び径」及び「呼び厚さ」による。厚さは「スケジュール番号」により，10・20・30・40・60及び80がある。

（4）水道用硬質塩化ビニルライニング鋼管（JWWA[*3] K 116）

　水道用硬質塩化ビニルライニング[*4]鋼管は，鋼管（原管）内面に硬質塩化ビニル管を被覆した樹脂ライニング鋼管である。

　種類は，原管及び外面より表2－3に示す3種に区分され，SGP-VAは外面一次防錆塗装，SGP-VBは外面亜鉛めっき，SGP-VDは外面にビニル樹脂を被膜している。

　この管は鋼管の特徴と硬質塩化ビニルの特徴を備え，外部からの衝撃や内圧に対しては鋼管と同じ強度を示し，1.0MPa以下の水道に使用され，耐食性に関しては硬質塩化ビニルの特性を示す。

---

*1　SGPW：Steel Gas Pipe Waterの略。
*2　STPG：Steel Tube Pipe Generalの略
*3　JWWA：日本水道協会規格。
*4　ライニング：防食，耐摩耗，耐熱などのため，物体表面に目的に適した材料の薄い層を設けることをいう。

表2－3　水道用硬質塩化ビニルライニング鋼管の種類

種類	SGP-VA	SGP-VB	SGP-VD
規格	JWWA K 116		
原管	JIS G 3452（配管用炭素鋼鋼管）黒管	JIS G 3442（水配管用亜鉛めっき鋼管）	JIS G 3452（配管用炭素鋼鋼管）黒管
被膜の構成	茶色／一次防錆塗装・鋼管・硬質塩化ビニル	灰色／亜鉛めっき・鋼管・硬質塩化ビニル	青色／硬質塩化ビニル・鋼管・硬質塩化ビニル
使用区分	屋内	屋内／屋外露出	地中埋設／屋外露出

表2－4　硬質塩化ビニルライニング鋼管の寸法及び許容差（JWWA K 116: 2015）

（単位：mm）

| 呼び径 | ライニング管 ||||| 長さ[c] | 鋼管部厚さ（参考） | ライニング管の近似内径（参考） |
| | 鋼管部 || 内面用ビニル管部[a] || 外面被覆部[b] ||||
	外径	外径の許容差	厚さ	厚さの許容差	厚さ			
15A	21.7	±0.5	1.5	±0.2	1.5以上	4000以上	2.8	13.1
20A	27.2							18.6
25A	34.0						3.2	24.6
32A	42.7						3.5	32.7
40A	48.6				1.2以上			38.6
50A	60.5						3.8	49.9
65A	76.3	±0.7					4.2	64.9
80A	89.1							76.7
100A	114.3	±0.8	2.0		1.5以上		4.5	101.3
125A	139.8							126.8
150A	165.2		2.5				5	150.2

注a）内面ビニル管部厚さは，ビニル管製造時又はライニング前の数値とする。
　b）外面被覆部厚さは，ライニング管Dだけに適用する。
　c）長さは，特に指定のない限り4000mmとする。

（5）水道用ポリエチレン粉体ライニング鋼管（JWWA K 132）

　水道用ポリエチレン粉体ライニング鋼管は，鋼管（原管）に適正な前処理を施したのち，ポリエチレン粉体を管内面に融着させ，管外面はポリエチレンを被覆して製造した水道用の管である。種類と記号を表2－5に示す。

　また，表2－6に水道用ポリエチレン粉体ライニング鋼管の外径と厚さを示す。

表2−5 水道用ポリエチレン粉体ライニング鋼管の種類

種類	SGP-PA	SGP-PB	SGP-PD
規格	JWWA K 132		
被膜の構成	茶色 一次防錆塗装／鋼管／ポリエチレン	灰色 亜鉛めっき／鋼管／ポリエチレン	青色 ポリエチレンモデファイド／ポリエチレン／鋼管／ポリエチレン
使用区分	屋内	屋内／屋外	地中埋設

表2−6 水道用ポリエチレン粉体ライニング鋼管の寸法及び許容差（JWWA K 132:2015）

(単位：mm)

呼び径	ライニング管				長さ[c]	鋼管部厚さ (参考)	ライニング管の近似内径 (参考)
	鋼管部		内面被覆部[a] 厚さ	外面被覆部[b] 厚さ			
	外径	外径の許容差					
15A	21.7	±0.5	0.3以上	1.7以上	4000以上	2.8	14.9
20A	27.2					2.8	20.4
25A	34.0					3.2	26.4
32A	42.7			1.5以上		3.5	34.5
40A	48.6		0.35以上			3.5	40.4
50A	60.5					3.8	51.7
65A	76.3	±0.7	0.40以上			4.2	66.3
80A	89.1	±0.8				4.2	79.1
100A	114.3	±0.8		1.6以上		4.5	103.7

(6) ステンレス鋼鋼管

ステンレス鋼鋼管は，耐食性及び耐熱性に優れているため，耐久性を必要とする配管又は高温用，低温用の配管に使用される。

ステンレス鋼鋼管には，一般配管用ステンレス鋼鋼管と配管用ステンレス鋼鋼管がある。

a．一般配管用ステンレス鋼鋼管（JIS G 3448）

一般配管用ステンレス鋼鋼管は，最高使用圧力1MPa以下の給水，給湯，排水，冷温水の配管などに使用される。

種類にはSUS[*1] 304TPD，SUS315J1TPD，SUS315J2TPD，SUS316TPDの4種類がある。

b．配管用ステンレス鋼鋼管（JIS G 3459）

配管用ステンレス鋼鋼管は，耐食用，低温用，高温用などの配管に用いられる。スケジュール番号[*2] 5S，10S，20S，40S，80S，120S，160Sがある。

表2−7に一般配管用ステンレス鋼鋼管の外径と厚さ及び異種管との呼び径の比較を示す。

*1 SUS：Steel Use Stainless。
*2 スケジュール番号：高圧・高温管の許容応力や使用圧力を配慮した呼び厚さに付けられた番号をいう。

表2-7 一般配管用ステンレス鋼鋼管の外径と厚さ及び異種管との呼び径の比較

(単位:mm)

呼び方 (Su)[※1]	外径	厚さ	質量 [kg/m] SUS 304 TPD[※2]	質量 [kg/m] SUS 315 J1 TPD SUS 315 J2 TPD SUS 316 TPD	(参考) 鋼管 呼び径 (A)	(参考) 鋼管 外径	(参考) 銅管 呼び径 (A)	(参考) 銅管 外径
8	9.52	0.7	0.154	0.155	—	—	8	9.52
10	12.70	0.8	0.237	0.239	—	—	10	12.70
13	15.88	0.8	0.301	0.303	15	21.7	15	15.88
20	22.22	1.0	0.529	0.532	20	27.2	20	22.22
25	28.58	1.0	0.687	0.691	25	34.0	25	28.58
30	34.0	1.2	0.980	0.986	32	42.7	—	—
40	42.7	1.2	1.24	1.25	40	48.6	—	—
50	48.6	1.2	1.42	1.43	50	60.5	—	—
60	60.5	1.5	2.20	2.21	65	76.3	—	—

※1:一般配管用ステンレス鋼管特有の呼び方(Su呼称)であり,鋼管・銅管の呼び径(A)とは一致していない。
※2:TPDとは,Tube Pipe for Domestic waterのことをいう。

1.2 鋳鉄管

鋳鉄管は,耐熱性,耐圧性が比較的よく,水道用,化学工業用,ケーブル用,建物の排水用など広範囲に使われている。

(1) 水道用鋳鉄管

水道用鋳鉄管には,ダクタイル鋳鉄[*1]管(JIS G 5526)と水道用ダクタイル鋳鉄管(JWWA G 113)及びダクタイル鋳鉄異形管などがある。

ダクタイル鋳鉄管は,鋳型を回転しながら溶銑[*2]を注入し,遠心力を利用して鋳造したものである。管の厚さに偏肉が少なく,その質が均一緻密にできるので強度も大きくなる。欠点としては,直管の真円度が悪いことである。

種類は,呼び径,管厚及び接合形式により多数のものがある。表2-8(a)に種類及び記号,表(b)に接合形式及び呼び径を示す。

水道用ダクタイル鋳鉄管は,JISのダクタイル鋳鉄管に対応してつくられたもので,製造方法や種類などは概ね同じである。

---

*1 ダクタイル鋳鉄:黒鉛の形状が球状をした鋳鉄をいう。鋳鉄とは,2%以上の炭素を含んだ鋳造に適する合金である。
*2 溶銑:溶けた銑鉄又は銑鉄を溶かすことをいう。銑鉄とは,鉄鉱を溶鉱炉で溶かしてつくったばかりの炭素分を多く含む鉄をいう。

表2-8　ダクタイル鋳鉄管（JIS G 5526: 2014）

(a) 種類及記号

管厚の種類	管厚の記号
1種管	D 1
2種管	D 2
3種管	D 3
4種管	D 4
S種管	D S
PF種管	D PF

(b) 接合形式及呼び径

接合形式	呼び径
NS形	75～1000
S形	1100～2600
US形	800～2600
PN形	300～1500
PⅡ形	300～1350
UF形	800～2600
K形	75～2600
T形	75～2000
U形	800～2600

（2）排水用鋳鉄管（JIS G 5525）

　排水用鋳鉄管は，自然流下式の汚水，雑排水，雨水及び通気の配管に使用されるもので，ねずみ鋳鉄[*1]を溶解し，砂型又は金型により鋳造されたものである。

　種類は，接合形式により，メカニカル形1種管，メカニカル形2種管及び差込み形RJ管の3種類があり，それぞれ直管と異形管がある。

第2節　非鉄金属管

2.1　銅　　管

　銅管は，酸，アルカリ，塩類などの水溶液や有機化合物に対してもかなりの耐食性を有し，電気伝導度や熱伝導度が比較的大きく，機械的性質に優れて施工性に富んでいるため，給水配管や給湯配管をはじめ熱交換器[*2]用などに広く使用されている。

（1）銅及び銅合金継目無管（JIS H 3300）

　銅及び銅合金継目無管の種類には，無酸素銅，タフピッチ銅，りん脱酸銅，黄銅など21種類がある。このうち建築設備に主に使用されるりん脱酸銅管（C1220）の寸法を表2-9に示す。

　肉厚によりK，L及びMタイプに分類される。K及びLタイプは主として医療配管用，L及びMタイプは主として水道，給水，給湯，冷温水及び都市ガス用に使われる。肉厚はMタイプよりLタイプのほうが厚い。

---

*1　ねずみ鋳鉄：黒鉛の形状が細長片状をした鋳鉄をいう。
*2　熱交換器：高温の流体と低温の流体との間で熱のやりとりを行う装置をいう。

表2－9　配管用及び水道用銅管の寸法（C1220）

(JIS H 3300: 2012)

呼び径		基準外径 (mm)	平均外径許容差 (mm)	肉厚 mm		
A	B			Kタイプ	Lタイプ	Mタイプ
8	¼	9.52	± 0.03	0.89	0.76	—
10	⅜	12.70	± 0.03	1.24	0.89	0.64
15	½	15.88	± 0.03	1.24	1.02	0.71
—	⅝	19.05	± 0.03	1.24	1.07	—
20	¾	22.22	± 0.03	1.65	1.14	0.81
25	1	28.58	± 0.04	1.65	1.27	0.89
32	1 ¼	34.92	± 0.04	1.65	1.40	1.07
40	1 ½	41.28	± 0.05	1.83	1.52	1.24
50	2	53.98	± 0.05	2.11	1.78	1.47
65	2 ½	66.68	± 0.05	—	2.03	1.65
80	3	79.38	± 0.05	—	2.29	1.83
100	4	104.78	± 0.05	—	2.79	2.41
125	5	130.18	± 0.08	—	3.18	2.77
150	6	155.58	± 0.08	—	3.56	3.10

（2）水道用銅管（JWWA H 101）

　使用圧力1.0MPa以下の水道に使用する銅管と外面に合成樹脂を被覆した銅管（被覆銅管）がある。

　りん脱酸銅管（C 1220）の化学成分は，Cuが99.9％以上でPは0.015～0.040％である。また，被覆銅管には，低発泡ポリエチレン及びポリエチレン樹脂を被覆した銅管（P）と，塩化ビニル樹脂を被覆した銅管（V）がある。

2．2　鉛　　管

　鉛管は，施工性が良く，耐食性等に優れ，初期には多く使用されたが，鉛の有毒性が管においても確認されたこともあり，現在は水道用途での使用は禁止されている。

　工業用，排水用には，ごく少量使用されている。

第3節　非金属管

3．1　プラスチック管

　プラスチック*管としては，硬質ポリ塩化ビニル管・ポリエチレン管・架橋ポリエチレン管・ポリブテン管が代表的である。

　硬質ポリ塩化ビニル管の長所は，次のとおりである。

＊　プラスチック：広義には可塑性物質をいうが，通常は合成樹脂と同意に用いられている。

① 耐酸性，耐アルカリ性である。

② 電気絶縁性が大きい。

③ 熱伝導度が非常に小さい。

④ 管内摩擦抵抗が小さい。

⑤ 配管加工が容易で施工性に富む。

⑥ 重量が軽い。

欠点は次のとおりである。

① 耐熱性に乏しい。

② 耐衝撃性に乏しい。

③ 線膨張係数が大きい。

ポリエチレン管・架橋ポリエチレン管・ポリブテン管は，硬質ポリ塩化ビニル管に比べて次のような長所がある。

① 軽量である。

② 衝撃に強く耐寒性に優れている。

③ 耐熱性に優れている。

（1）硬質ポリ塩化ビニル管（JIS K 6741）

硬質ポリ塩化ビニル管は，一般流体輸送配管（水道用硬質ポリ塩化ビニル管を除く）に使用され，呼び径と厚さの組合せによって，VP，VM及びVUの3種類に区分される。また，使用圧力は流体が水として管の種類ごとにVPは1.0MPa以下，VMは0.8MPa，VUは0.6MPa以下である。

厚さは，同じ呼び径であれば，VUはVP及びVMより薄い。表2－10に管の寸法を示す。

（2）水道用硬質ポリ塩化ビニル管（JIS K 6742）

水道用硬質ポリ塩化ビニル管には，硬質ポリ塩化ビニル管（VP），耐衝撃性硬質ポリ塩化ビニル管（HIVP），水輸送用及び圧送排下水用硬質ポリ塩化ビニル管（IWVP）の3種類があり，使用圧力0.75MPa以下の水道の配管に使用される。

耐衝撃性硬質ポリ塩化ビニル管は，ポリ塩化ビニルを主体とし，安定剤，顔料などに耐衝撃性能を高めるための改質剤を加えて成形した管である。

また，給湯などの耐熱性が要求される管として，耐熱性硬質ポリ塩化ビニル管（JIS K 6776）があり，温度90℃以下の水の配管に使用される。

（3）建物用耐火性硬質ポリ塩化ビニル管

建物用耐火性硬質ポリ塩化ビニル管は，防火区画を，耐火材料等を使わずに管だけで貫通できる性能を付加した，排水・通気用塩ビ管材である。管の中間層に熱膨張剤を配合し，火災時には管が膨張することで貫通部からの熱気の侵入を遮断，延焼を防止する機能を有している。

表2－10　管の寸法及びその許容差（JIS K 6741: 2016）

（単位：mm）

呼び径	VP, HIVP 外径 基準寸法	VP, HIVP 外径 最大・最小外径の許容差	VP, HIVP 外径 平均外径の許容差	VP, HIVP 厚さ 最小	VP, HIVP 厚さ 許容差	VP, HIVP 参考 概略内径	VP, HIVP 参考 1m当たりの質量(kg) VP	VP, HIVP 参考 1m当たりの質量(kg) HIVP	VM 外径 基準寸法	VM 外径 平均外径の許容差	VM 厚さ 最小	VM 厚さ 許容差	VM 参考 概略内径	VM 参考 1m当たりの質量(kg)	VU 外径 基準寸法	VU 外径 平均外径の許容差	VU 厚さ 最小	VU 厚さ 許容差	VU 参考 概略内径	VU 参考 1m当たりの質量(kg)
13	18.0	±0.2	±0.2	2.2	+0.6	13	0.174	0.170	—	—	—	—	—	—	—	—	—	—	—	—
16	22.0			2.7		16	0.256	0.251	—	—	—	—	—	—	—	—	—	—	—	—
20	26.0					20	0.310	0.303	—	—	—	—	—	—	—	—	—	—	—	—
25	32.0			3.1	+0.8	25	0.448	0.439	—	—	—	—	—	—	—	—	—	—	—	—
30	38.0	±0.3				31	0.542	0.531	—	—	—	—	—	—	—	—	—	—	—	—
40	48.0			3.6		40	0.791	0.774	—	—	—	—	—	—	48.0	±0.2	1.8	+0.4	44	0.413
50	60.0	±0.4		4.1		51	1.122	1.098	—	—	—	—	—	—	60.0				56	0.521
65	76.0	±0.5	±0.3			67	1.445	1.415	—	—	—	—	—	—	76.0	±0.3	2.2	+0.6	71	0.825
75	89.0			5.5		77	2.202	2.156	—	—	—	—	—	—	89.0		2.7		83	1.159
100	114.0	±0.6	±0.4	6.6	+1.0	100	3.409	3.338	—	—	—	—	—	—	114.0	±0.4	3.1	+0.8	107	1.737
125	140.0	±0.8	±0.5	7.0		125	4.464	4.371	—	—	—	—	—	—	140.0	±0.5	4.1		131	2.739
150	165.0	±1.0		8.9	+1.4	146	6.701	6.561	—	—	—	—	—	—	165.0		5.1		154	3.941
200	216.0	±1.3	±0.7	10.3		194	10.129	9.913	—	—	—	—	—	—	216.0	±0.7	6.5	+1.0	202	6.572
250	267.0	±1.6	±0.9	12.7	+1.8	240	15.481	15.157	—	—	—	—	—	—	267.0	±0.9	7.8	+1.2	250	9.758
300	318.0	±1.9	±1.0	15.1	+2.2	286	21.962	21.504	—	—	—	—	—	—	318.0	±1.0	9.2	+1.4	298	13.701
350	—	—	—	—	—	—	—	—	370.0	±1.2	14.3	+2.0	339	24.378	370.0	±1.2	10.5		348	18.051
400	—	—	—	—	—	—	—	—	420.0	±1.3	16.2	+2.2	385	31.294	420.0	±1.3	11.8	+1.6	395	23.059
450	—	—	—	—	—	—	—	—	470.0	±1.5	18.1	+2.6	431	39.267	470.0	±1.5	13.2	+1.8	442	28.875
500	—	—	—	—	—	—	—	—	520.0	±1.6	20.0	+2.8	477	47.930	520.0	±1.6	14.6	+2.0	489	35.346
600	—	—	—	—	—	—	—	—	—	—	—	—	—	—	630.0	±1.7	17.8	+2.8	592	52.679

備考1）最大・最小外径の許容差とは，任意断面における外径の測定値の最大値及び最小値（最大・最小外径）と，基準寸法との差をいう。
　　2）平均外径の許容差とは，任意断面における相互に等間隔な二方向の外径の測定値の平均値（平均外径）と基準寸法との差をいう。
　　3）表中1m当たりの質量は，密度1.43g/cm³で計算したものである。
　　4）許容差は，最大・最小外径の許容差及び平均外径の許容差がともに合格すること。

（4）ポリエチレン管

ポリエチレン管には，一般用ポリエチレン管，水道用ポリエチレン二層管，給水設備用ポリエチレン管がある。

a．一般用ポリエチレン管（JIS K 6761）

主に水道用を除く水輸送用に使用される。1種管，2種管，3種管の3種類があり，材料及び管寸法により分類される。

b．水道用ポリエチレン二層管（JIS K 6762）

使用圧力0.75MPa以下の水道に使用され，1種二層管，2種二層管，3種二層管がある。分類方法は一般用ポリエチレン管と同様である。

二層管は，外側がカーボンブラック*を配合したポリエチレン層（黒色），内側はカーボンブラックを配合しないポリエチ

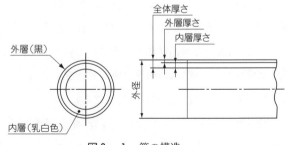

図2－1　管の構造

＊　カーボンブラック：黒色の細かい炭素の粉末で，すすに相当するものをいう。

レン層（乳白色）によって構成されている。図2－1に管の構造及び色を，表2－11に2種二層管の寸法を示す。

表2－11 水道用ポリエチレン2種二層管の寸法及びその許容差 （JIS K 6762: 2014）

(単位：mm)

呼び径	外径			全体厚さ			外層厚さ		長さ(M)	内径	1m当たりの質量(kg)	(参考)		内層厚さ
	基準寸法	許容差	だ円度(最大値)	基準厚さ	許容差	最小寸法厚さ	基準外装厚さ	許容差				管径(cm)		
												内径	相当外径	
13	21.5	±0.15	1.2	2.5	±0.20	2.3	1.0	±0.2	120	16.5	0.143	40以上	約80以上	1.3
20	27.0		1.3	3.0	±0.25	2.75				21.0	0.217	50以上	約90以上	1.75
25	34.0	±0.20		3.5	±0.30	3.2			90	27.0	0.322	70以上	約110以上	2.2
30	42.0		1.4	4.0		3.7	1.5	±0.3		34.0	0.458	80以上	約120以上	2.2
40	48.0	±0.25		4.5	±0.35	4.15			60	39.0	0.590	90以上	約130以上	2.65
50	60.0	±0.30	1.5	5.0		4.65			40	50.0	0.829	110以上	約150以上	3.15

c．給水設備用ポリエチレン管

使用圧力0.75MPa以下で建築設備への水道給水に使用され，材料として高密度ポリエチレンが使われている。

（5）架橋ポリエチレン管

架橋ポリエチレン管には，一般用架橋ポリエチレン管と水道用架橋ポリエチレン管がある。

a．架橋ポリエチレン管（JIS K 6769）

主に温度95℃以下の水輸送用に使用され，使用圧力による分類と構造による分類がある。

使用圧力による分類は，最高使用圧力1.0MPa以下（PN10）と1.5MPa以下（PN15）の2種類で，構造による分類は，M種（単層）とE種（二層）の2種類である。

架橋ポリエチレン管の寸法及び許容差を表2－12に示す。

表2－12 架橋ポリエチレン管（JIS K 6769より作成）

(a) M種

	呼び径	外径		内径		厚さ	
		基準寸法	平均外径の許容差	基準寸法	平均内径の許容差	基準寸法	許容差
PN10	16	21.5	±0.15	17.3	±0.20	2.10	±0.20
	20	27.0		21.9	±0.25	2.55	±0.25
PN15	10	13.0		9.8		1.60	±0.20
	13	17.0		12.8		2.10	
	16	21.5		16.2		2.65	
	20	27.0		20.5	±0.30	3.25	±0.25

(b) E種

呼び径	外径		全体厚さ		近似内径
	基準寸法	平均外径の許容差	基準寸法	許容差	
PN10　16	21.5	±0.15	2.40	±0.30	16.7
20	27.0		2.85	±0.35	21.3
PN15　10	13.0		1.90	±0.30	9.20
13	17.0		2.40		12.2
16	21.5		2.95	±0.35	15.6
20	27.0		3.55		19.9

b．水道用架橋ポリエチレン管（JIS K 6787）

使用圧力0.75MPa以下の，水道の主に屋内配管に使用され，M種（単層）とE種（二層）の2種類がある。

（6）ポリブテン管（JIS K 6778）

ポリブテン管は，主に90℃以下の水輸送用に使用され，管の使用条件は，温度及び圧力によっている。耐食性に優れ，超高分子と特殊な分子構造から高温水域でも高い強度をもっている。

表2-13　ポリブテン管の寸法及び許容差（JIS K 6778）

（単位：mm）

呼び径	外径		内径		厚さ		参考	
	基準寸法	平均外径の許容差	基準寸法	平均内径の許容差	基準寸法	許容差	長さ(m)	質量(kg/m)
8	11.0	±0.15	7.6	±0.25	1.70	±0.20	120	0.046
10	13.0		9.8		1.60			0.053
13	17.0		12.8		2.10			0.090
16	22.0		16.8		2.60			0.146
20	27.0		21.2	±0.30	2.90			0.202
25	34.0	±0.25	28.1	±0.40	2.95	±0.25	100	0.265
30	42.0	±0.30	34.9	±0.80	3.55		60	0.395
40	48.0	±0.35	39.8	±0.95	4.10	±0.30	5	0.520
50	60.0	±0.40	49.9	±1.10	5.05	±0.35		0.802
65	76.0	±0.65	63.2	±1.45	6.40	±0.40		1.287
75	89.0	±0.80	74.1	±1.70	7.45	±0.45		1.756
100	114.0	±1.00	94.9	±2.10	9.55	±0.55		2.883

3．2　コンクリート管

製造方法が比較的簡単で，施工が容易であるので従来から排水設備などに用いられている。

（1）プレキャスト鉄筋コンクリート製品（JIS A 5372）

鉄筋コンクリート製のプレキャストコンクリート*製品の種類は，用途，形状により鉄筋コンク

＊　プレキャストコンクリート：現場ではすぐ取付けや組立ができるように製作されたコンクリート製品をいう。

リート管，遠心力鉄筋コンクリート管などがある。

a．鉄筋コンクリート管

　鉄筋コンクリート管は，主として下水道用又はかんがい排水用として用いる。

　種類には1種（主に外圧に対して設計されたもの）と2種（比較的大きい外圧に耐えるもの）がある。

b．遠心力鉄筋コンクリート管

　遠心力鉄筋コンクリート管は，遠心力又はロール転圧を応用して製造されたものである。

3.3 陶　　管

　陶管は，粘土を主原料とし製管機で成形したものを自然乾燥したのち，うわぐすりを施してこれを焼成した陶器質の管である。

(1) 陶管（JIS R 1201）

　種類にはⅠ類とⅡ類があり，さら直管と異形管に分類されている。

　陶管は耐摩耗性と耐薬品性に優れ，強度も強く，また経年による材質の劣化がなく，地中になじみやすい特性があるので，Ⅰ類は主に都市下水管に，Ⅱ類は一般排水用に使用されている。

【練　習　問　題】

次の文章の中で，正しいものには○印を，誤っているものには×印をつけなさい。
（1）　配管用炭素鋼鋼管の記号はSGPである。
（2）　一般配管用ステンレス鋼鋼管の最高使用圧力は10.0MPa以下である。
（3）　水道用硬質塩化ビニルライニング鋼管には，原管及び外面によりA，B及びDの3種類がある。
（4）　水道用ポリエチレン粉体ライニング鋼管は，ポリエチレン粉体を管外面に融着して製造した管である。
（5）　ダクタイル鋳鉄管は，遠心力を利用して鋳造したものであるから，管の厚さに偏肉が少ない。
（6）　銅及び銅合金継目無管の肉厚記号で，MタイプよりLタイプのほうが肉厚が厚い。
（7）　ポリエチレン管は，塩化ビニル管に比べて衝撃に弱く，耐熱性も劣る。
（8）　耐熱性硬質ポリ塩化ビニル管は，温度90℃以下の水の配管に使用される。
（9）　陶管の種類で，Ⅱ類は主に都市の下水管に使用される。

第2章　管継手及び伸縮管継手

建築設備に用いられる管に組み合わせる継手は，用途，使用条件，環境条件などにより各種のものがある。

ここでは，代表的な各種の管継手（異形管）及び，伸縮管継手や変位吸収管継手などについて述べる。

第1節　管　継　手

管接続用管継手には，各種類のものがある。管継手は，配管を分岐するとき，管路を屈曲するとき，管径が異なるとき，異種管と接続するときなどに使用する。鋼管用，鋳鉄管用，銅管用，ビニル管用など，管の種類に応じた管継手がある。

1.1　鋼管用管継手

配管用炭素鋼鋼管のねじ接合には，ねじ込み式可鍛鋳鉄製管継手とねじ込み式鋼管製管継手，鋼製突合せ溶接継手，ねじ込み式排水管継手などがある。

鋼管継手類の主な使用箇所を列記すると，次のとおりである。

① 配管を屈曲するとき
② 分岐管を出すとき
③ 直管部を接合するとき
④ 管径を異にする管を接合するとき
⑤ 配管の終末端

建築設備によく用いられる継手の種類と用途をまとめたものを表2－13に示す。

（1）ねじ込み式可鍛鋳鉄製管継手（JIS B 2301）

ねじ込み式可鍛鋳鉄製管継手は，水，油，蒸気，空気，ガスなどの一般配管に使用される管継手で，その強さは普通，鋳鉄の約2倍である。この可鍛鋳鉄は，一般の鋳鉄に比べて，はるかに優れており，鋼に近い性質を備えていると同時に，複雑な形状や広い範囲の寸法のものを製作できる長所をもっている。図2－2にねじ込み式可鍛鋳鉄製管継手を示す。

継手のねじは，JIS B 0203による管用テーパねじが切ってある。

(a) エルボ　　（b) チーズ　　（c) ソケット

(d) 径違いソケット　　（e) ニップル　　（f) ブッシング

（画像提供：日立金属株式会社）

図2－2　ねじ込み式可鍛鋳鉄製管継手

継手の大きさを表す呼びは，次の通りである。

① 2個の口をもつ場合：径の大きいほうを①，小さいほうを②とする順序に呼ぶ。

② 3個の口をもつ場合：　　　　　　とする順序に呼ぶ。ただし，①と②が同径の場合は②を省略してもよい。

③ 4個の口をもつ場合：最大の径①，これと同一又は平行な中心線上にあるものを②，残り2個のうち，径の大きなものを③，小さなものを④とする順序に呼ぶ。

(2) ねじ込み式鋼管製管継手（JIS B 2302）

鋼管でつくった継手で，ねじは，JIS B 0203に規定するテーパおねじであるが，ソケット[*1]は，平行めねじを用いている。形状による種類には，JIS B 2302の規格によりバレルニップル[*2]，クローズニップル，ロングニップル及びソケットの4種類がある。

(3) 一般配管用鋼製突合せ溶接式管継手（JIS B 2311）

突合せ溶接式管継手は，継目無鋼管でできていて，エルボには曲げ半径により，ロングとショートがある。ロングエルボの曲げ半径は，鋼管呼び径の1.5倍，ショートエルボは，鋼管呼び径の1.0倍である。

[*1] ソケット：両端にめねじをもつ短い筒状の管継手をいい，管を直線状に接続するときに用いる。
[*2] ニップル：短い管の両端におねじが切ってある管継手をいう。

一般配管用鋼製突合せ溶接式管継手には図2-3に示すように，180°エルボ（ロング，ショート），90°エルボ（ロング，ショート），45°エルボ（ロング），レジューサ[*1]（同心1形，2形，偏心1形2形），T（同径，径違い）及びキャップ[*2]がある。

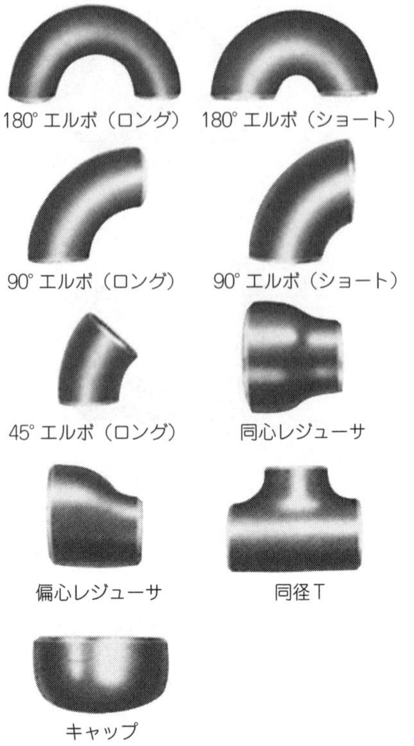

(4) 排水用ねじ込み式鋳鉄製管継手

配管用炭素鋼管を排水管として用いる場合に使用される継手である。

材質は，鋳鉄製又は可鍛鋳鉄製である。この継手は，分岐部の曲率半径を大きくするため，45°Y形又は90°Y形としてできている。これは，排水の流れを円滑にし，汚物の閉そくを防ぐようにつくられたものである。

ねじは，テーパねじが切ってあり，鋼管をねじ込んだ際に，管と継手の接続部分に段差がつかない構造になっている。

(5) 鋼製管フランジ（JIS B 2220）

鋼製管フランジ[*3]は，蒸気・空気・ガス・水・油などの一般配管，圧力配管，高圧配管，高温配管，合金鋼配管及びステンレス鋼鋼管に使用する鋼管，管，バルブなどを接続するもので，溶接式フランジ，遊合形フランジ，ねじ込み式フランジ，一体フランジ及び閉止フランジに分類されている。

また，管のフランジ継手などの連結面の気密を保たせるために用いられる薄片をガスケットといい，ガスケット座の形状により，全面を平面に仕上げた全面座，ボルト穴にほぼ接する平面座，接合部をめす，おすの形につくって挿入するはめ込み形及び接合部の一方に突起部を他方はそれにはまるようにつくられた溝形がある。

180°エルボ（ロング）　180°エルボ（ショート）

90°エルボ（ロング）　90°エルボ（ショート）

45°エルボ（ロング）　同心レジューサ

偏心レジューサ　同径T

キャップ

図2-3　一般配管用鋼製突合せ溶接式管継手

---

*1　レジューサ：管径の異なった管を直線状に接続するために用いる異径管継手をいう。
*2　キャップ：管の末端を閉ざすために用いる帽子状の管継手をいう。
*3　フランジ：管又は機器などの接続に用いられるつば状の継手をいう。

表2-14 継手の種類と用途

区分	管種	名称	規格	蒸気	高温水	冷温水	冷却水	熱源水	油	冷媒	給水	給湯	排水	通気	消火	備考
金属管	鋳鉄管	水道用ダクタイル鋳鉄管	JWWA G 114								○					
		排水用鋳鉄管　差し込み形（RJ管）	JIS G 5525										○	○		立て管専用
	鋼管	鋼製管フランジ	JIS B 2220	○	○	○	○	○	○		●	●			○	●は樹脂コーティングを施したもの *1は亜鉛めっきを施したもの
		冷媒用管フランジ	JIS B 8602							○						
		ねじ込み式可鍛鋳鉄製管フランジ*1	-		○	○	○	○	○		●	●			○	
		ねじ込み式可鍛鋳鉄製管継手	JIS B 2301		○	○	○	○	○		●	●			○	
		ねじ込み式鋼管製管継手	JIS B 2302		○	○	○	○	○		○	○			○	
		ねじ込み式排水管継手	JIS B 2303										○			
		一般配管用鋼製突合せ溶接式継手	JIS B 2311	○	○	○	○	○	○		○				○	
		配管用鋼製突合せ溶接式継手	JIS B 2312	○	○	○	○	○	○		○				○	
		鋼製突合せ溶接式亜鉛めっき管継手	-								○				○	
		配管用鋼板製突合せ溶接式管継手	JIS B 2313	○	○	○	○	○	○		○				○	
		配管用鋼製差込み溶接式管継手	JIS B 2316	○	○	○	○	○	○		○				○	
		圧力配管用ねじ込み式可鍛鋳鉄製管継手	-								○				○	
		圧力配管用パイプニップル	-								○				○	
		ハウジング形管継手	-			○	○	○			○				○	*2は亜鉛めっきを施したもの，溶接フランジはJIS B 2220を使用
		管端つば出し鋼管継手	-			○	○	○			○				○	
		鋳鉄製管フランジ*2	JIS B 2239	○		○	○	○	○		○	○			○	*3はクッションパッキンを含む
		排水鋼管用可とう継手*3	-										○	○		
	ステンレス鋼管	ハウジング形管継手	-			○	○	○			○				○	*4は性能基準に基づくフレア式，差込み式，プレス式，グリップ式，拡管式，圧縮式，ドレッサ形スナップリング式など
		水道用ステンレス鋼管継手	JWWA G 116								○					
		一般配管用鋼製突合せ溶接式管継手	-			○	○	○			○				○	
		管端つば出しステンレス鋼管継手	-			○	○	○			○				○	
		ステンレス鋼製ねじ込み式管継手	JIS B 2308			○	○	○			○				○	
		配管用鋼製突合せ溶接式管継手	JIS B 2312	○		○	○	○			○				○	
		一般配管用ステンレス鋼管の管継手性能基準*4	-			○	○	○			○				○	
	ライニング鋼管	水道用ライニング鋼管用ねじ込み式管端防食管フランジ	-			○					○					
		水道用ライニング鋼管用管端防食形継手	JWWA K 150			○					○					
		水道用ライニング鋼管用ねじ込み式管端防食管継手	-			○					○					
		フランジ付硬質ポリ塩化ビニルライニング鋼管用管継手	-			○					○					
		フランジ付ポリエチレン粉体ライニング鋼管用管継手	-			○					○					
		水道用耐熱性硬質ポリ塩化ビニルライニング鋼管用管端防食形継手	JWWA K 141			○	○					○				
		耐熱性硬質ポリ塩化ビニルライニング鋼管用ねじ込み式管端防食管継手	-			○	○					○				
		耐熱性硬質ポリ塩化ビニルライニング鋼管用ねじ込み式管端防食管フランジ	-			○	○					○					*5はロングニップルを使用
		管端防食管継手用パイプニップル*5	-			○	○					○				
	銅管	銅及び銅合金の管継手	JIS H 3401			○	○			○	○	○			◎	●は小便器系統の使用は除く ◎はスプリンクラ系統呼び径65以下に限定使用する
		水道用銅管継手	JWWA H 102								○					
		冷媒用フレア及びろう付け管継手	JIS B 8607							○						
		配管用銅及び銅合金の機械的管継手の性能基準	-			○	○				○	○				
非金属管	プラスチック管	排水用硬質ポリ塩化ビニル管継手	JIS K 6739										○	○		DV：VP用
		排水用耐火二層管継手	-										○			
		水道用硬質ポリ塩化ビニル管継手	JIS K 6743								○					
		硬質ポリ塩化ビニル管継手				○					○					TS
		耐衝撃性硬質ポリ塩化ビニル管継手				○					○					HITS
		水道用ゴム輪形硬質ポリ塩化ビニル管継手	JWWA K 128			○					○					HITS
		架橋ポリエチレン管継手	JIS K 6770			○					○	○			◎	HT，IHT ◎はスプリンクラ系統のアラーム弁
		耐熱性硬質ポリ塩化ビニル管継手	JIS K 6777			○					○	○				
		ポリブテン管継手	JIS K 6779			○					○	○			◎	

（つづき）

非金属管	プラスチック管	水道用ポリエチレン管金属継手	JWWA B 116		○		○	以降の呼び径50以下で使用
		水道用架橋ポリエチレン管継手	JIS K 6788		○		○	
		屋外排水設備用硬質ポリ塩化ビニル管継手（VU継手）	—				○	VU用：埋設配管用
		建物用耐火性硬質ポリ塩化ビニル管継手	—				○	
		金属強化ポリエチレン管用継手	—	○	○	○		
	コンクリート管	プレキャスト鉄筋コンクリート製品	JIS A 5372				○	I類水路用遠心力鉄筋コンクリート管 A形，B形，NB形，C形，NC形

注1）鋼製差込み溶接式管継手・鋼製突合せ溶接式管継手などを給水・給湯管に使用する場合，加工工場などで溶接し，かつ防せい処理を行ったものとする。

1．2　鋳鉄管用管継手

（1）水道用鋳鉄異形管

　鋼管の継手に相当するものを，鋳鉄管では，異形管という。

　材質は，鋳鉄管（直管）と同じダクタイル鋳鉄で，ダクタイル鋳鉄異形管（JIS G 5527），水道用ダクタイル鋳鉄異形管（JWWA G 114）などがある。

　種類は管路の変位，方向及び径を変えるものなど，接合形式により多数のものがある。図2－4にダクタイル鋳鉄異形管の一部を示す。

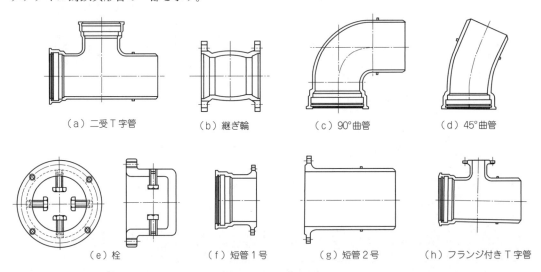

（a）二受T字管　　（b）継ぎ輪　　（c）90°曲管　　（d）45°曲管

（e）栓　　（f）短管1号　　（g）短管2号　　（h）フランジ付きT字管

図2－4　ダクタイル鋳鉄異形管

（2）排水用鋳鉄管

　排水用鋳鉄管（JIS G 5525）は，自然流下式の汚水，雑排水，雨水及び通気の配管に使用する排水用鋳鉄管で，直管と異形管がある。

　異形管は，ねずみ鋳鉄を溶解して，砂型又は金型*によって鋳造されたもので，接合形式により，

＊　砂型又は金型：成形のために用いる砂又は金属製の枠をいう。

メカニカル形*1 1種管，メカニカル形2種管及び差込み形RJ管の3種類がある。

メカニカル形1種管には，90°短曲管，90°長曲管，掃除口栓，45°曲管，Y管，90°Y管，掃除口付短管，排水T管，継ぎ輪，片落管*2などがある。

1．3　銅管用管継手

銅管用管継手には，銅合金管や水道用銅管と同材でつくられた継手で銅及び銅合金の管継手（JIS H 3401），水道用銅管継手（JWWA H 102）がある。どちらも，はんだ接合法に用いる差込み継手用にできている。

銅及び銅合金の管継手は，接合部の寸法及び許容差によって，1種と2種がある。

また，水道用銅管継手には，基準内径を定めた1種と平均内径及び実測内径を定めた2種がある。継手の形状による種類には，ソケット，径違いソケット，90°エルボ，45°エルボ，チーズ，キャップ，給水栓用ソケット（丸形），給水栓用エルボ，めねじ付ユニオン*3など17種類がある。

図2－5に銅管用管継手を示す。

（a）90°エルボ　　　（b）チーズ　　　（c）ソケット　　　（d）レジューサ

（e）おねじアダプタ　　（f）めねじアダプタ　　（g）水栓エルボ　　（h）座付水栓エルボ

（画像提供：株式会社 多久製作所）

図2－5　銅管用管継手

---

*1　**メカニカル形**：鋳鉄管の継手部分に，ゴム輪を挿入し，押し輪で押さえて締め付ける形式をいう。
*2　**片落管**：レジューサともいう。受け口と挿し口をもち，その口の大きいほうから受け挿し片落管，挿し受け片落管という。
*3　**ユニオン**：ユニオンねじとユニオンつばとの間にパッキンを挟み，ユニオンナットで締め付けて接続する管継手をいう。

1.4 非金属管用管継手

(1) 塩化ビニル管継手

　塩化ビニル管継手には，水道用硬質ポリ塩化ビニル管継手（JIS K 6743），耐熱性硬質ポリ塩化ビニル管継手（JIS K 6777），排水用硬質ポリ塩化ビニル管継手（JIS K 6739）などがある。

　水道用硬質ポリ塩化ビニル管継手の種類には，硬質ポリ塩化ビニル管継手（TS）と，耐衝撃性硬質ポリ塩化ビニル管継手（HITS）があり，射出成形によって製造したＡ形とポリ塩化ビニル管と加工したＢ形がある。継手の形状を図2－6に示す。

　耐熱性硬質ポリ塩化ビニル管継手は，温度90℃以下の水の配管の接合に使用する管継手である。

　種類及び形状は前者と概ね同様である。

　排水用硬質ポリ塩化ビニル管継手は，排水配管の接着接合に用いる管継手である。

　継手の形状は，エルボ，Ｙ，ソケット及びインクリーザに大別でき，エルボには，90°エルボ，90°大曲がりエルボ，径違い90°大曲がりエルボ及び45°エルボがある。

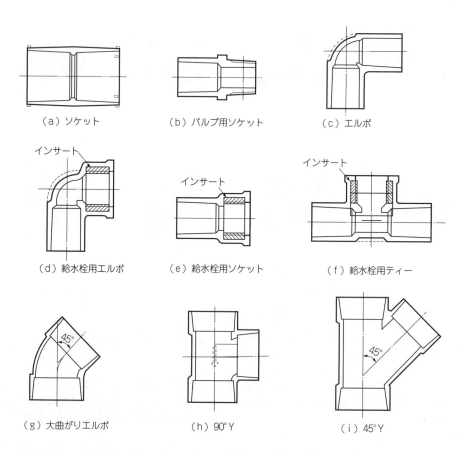

図2－6　硬質ポリ塩化ビニル管継手

（2）ポリエチレン管継手

ポリエチレン管継手には，架橋ポリエチレン管継手（JIS K 6770）水道用架橋ポリエチレン管継手（JIS K 6779），ポリエチレン管金属継手などがある。

架橋ポリエチレン管継手には，メカニカル式継手（M種）と電気融着式継手（E種）がある。

ポリエチレン管継手には，接合する管の種類に応じて，1種管用と2種管用がある。

代表的な管継手の形状を図2－7に示す。

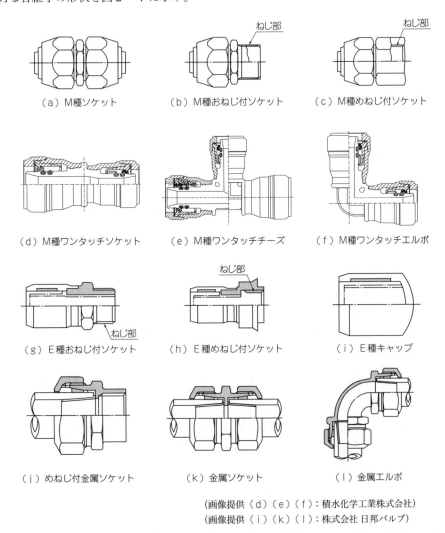

(a) M種ソケット　　(b) M種おねじ付ソケット　　(c) M種めねじ付ソケット

(d) M種ワンタッチソケット　(e) M種ワンタッチチーズ　(f) M種ワンタッチエルボ

(g) E種おねじ付ソケット　(h) E種めねじ付ソケット　(i) E種キャップ

(j) めねじ付金属ソケット　(k) 金属ソケット　(l) 金属エルボ

（画像提供（d）（e）（f）：積水化学工業株式会社）
（画像提供（i）（k）（l）：株式会社 日邦バルブ）

図2－7　ポリエチレン管継手

(3) ポリブテン管継手

ポリブテン管継手には，接合方式によりメカニカル式継手[*1]（M種），電気融着式継手[*2]（E種）及び熱融着式継手[*3]（H種）があり，さらに電気融着式には，A形（定電流方式）とB形（定電圧方式）がある。継手の形状は，ポリエチレン管継手と概ね同様である。

(4) コンクリート異形管

遠心力鉄筋コンクリート異形管は，コンクリート管の接合に用いる管継手（異形管という）で，外圧用として用いられる。

種類には，T字管，Y字管，曲管，支管，短管などがある。

(5) 陶管異形管

陶管異形管は，陶管（JIS R 1201）と同材で，同じようにつくられている。種類には曲管（30°，45°，60°，90°），枝付管（60°，90°），支管（60°甲，乙，90°甲，乙）などがある。

第2節 伸縮管継手

管の配管では，温度変化により起こる管のひずみ，各種の装置による振動など避けられないことが多い。伸縮管継手は，それらの伸縮の除去，又は吸収に使われる。伸縮管継手には，スリーブ形，ベローズ形，ベンド継手などがある。

2．1 スリーブ形伸縮管継手

従来から，伸縮管継手は，グランドパッキン[*4]により流体の漏を止める形式のものが多く使われ，すべり伸縮管継手[*5]などと呼ばれている。

スリーブパイプを継手本体側とスライドさせることにより伸縮するもので，配管に取り付けられ，管の温度変化により作動する。

一般に単式と複式の2種類があるが，伸縮量が非常に大きく取れるので，単式で十分間に合う。図2－8に単式，図2－9に複式を示す。

[*1] メカニカル式継手：継手に管を差し込み，ナット，バンド，スリーブなどを締め付けることによって水密性を確保する継手をいう。
[*2] 電気融着式継手：継手自体に電熱線などの発熱体を組み込んだ融着接合可能な差込み継手をいう。
[*3] 熱融着式継手：電熱線などの発熱体を組み込んだ接合工具によって，継手及び管を加熱して融着接合する差込み継手をいう。
[*4] グランドパッキン：回転部の軸封に用いられるもので，一般に角形の断面形状をしたパッキンの総称である。
[*5] すべり伸縮管継手：継手本体の片側又は両側にすべり管を挿入し，軸方向に自由に移動できるようにした継手をいう。

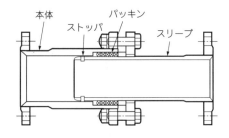 

図2-8 スリーブ形伸縮管継手（単式）　　図2-9 鋳鉄製フランジ形複式伸縮管継手

　この継手は，主に，水，温水，蒸気，油などの配管に用いられる。配管した後，パッキン押さえは，一定期間ののち締め直したほうが，流体の漏れを防ぎ安全である。

　空気調和・衛生工学会規格によるスリーブ形伸縮管継手の種類を表2-15に示す。

表2-15 スリーブ形伸縮管継手の種類

呼び圧力	接合方式	構造	最大軸方向変位置 [mm]	管継手の大きさ（呼び径）
10K, 20K	フランジ形，溶接形	単式	100, 200	20, 25, 32, 40, 50, 65, 80, 100, 125, 150, 200, 250, 300

備考：管継手の大きさは，接合する管の呼び径を示す。

2.2 ベローズ形伸縮管継手

　ベローズ形は，ベローズ*で管の軸方向の伸縮を吸収するものである。スリーブ形がグランドパッキンで流体の漏れを防ぐのに比べて，ベローズ形は，しゅう動部がないので漏れが少ない。形式は，単式と複式がある（図2-10，図2-11）。その主材料は，本体では，鋳鉄，青銅，鋼板などのいずれかが構造上又は用途によって使い分けられる。一般に，伸縮管継手用ベローズには，ステンレス鋼が多く用いられ，小口径及び低圧用のベローズには，主としてりん青銅が用いられる。また，ベローズは，肉厚によって，弾性，伸縮量，耐圧の各種が決定される。配管接続部には，フランジ形（呼び径15A以上）及び溶接形（呼び径15A以上）がある。伸縮量は，一般に，スリーブ形に比べて短い。この継手の特徴は，場所を取らないこと，伸縮による応力を生じないこと，スリーブ形に比べて漏れないことなどである。

＊　ベローズ：ステンレス鋼，りん青銅などの金属板を，じゃ腹のように波状に成形し伸縮性，柔軟性，密封性をもたせたものである。

図2-10 鋳鉄製ベローズ形複式伸縮管継手

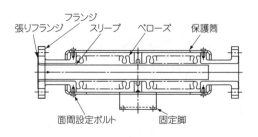
図2-11 ベローズ形伸縮管継手（複式）

2.3 ベンド継手

ベンド継手は，曲管のたわみを利用して，伸縮を吸収するもので，構造が極めて簡単で耐久性に富み，高温高圧にも使用することができ，故障が少ない。しかし，取付け場所を広く必要とし，取付けに際しては十分な伸縮応力を考慮しなければならない。図2-12にベンド継手を示す。

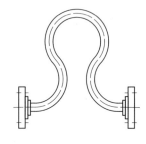
図2-12 ベンド継手

2.4 ボールジョイント

一般に3個又は2個を1組として使用される。比較的小スペースで大きな伸縮量を吸収できるので，地域冷暖房，超高層ビルなどの長い配管に適している。堅牢(けんろう)な構造のため，高温高圧用に使用される。また，地震や地盤沈下などによるタンク，機器，配管などの変位吸収などに適している。

第3節 その他の管継手

3.1 防振用管継手

ポンプ，冷凍機などの回転体をもつ機器では，それから発生する振動・騒音が接続されている配管に伝達される。さらに，建物躯体(く)に伝わると，その一部分が振動・騒音を発する。

これを防止するために，配管部分に挿入するのが防振用管継手である（図2-13）。

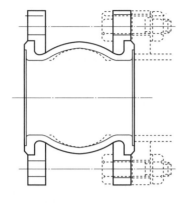
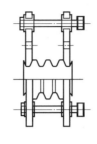

（a）合成ゴム製防振用管継手　　（b）ポリテトラフルオロエチレン
　　　　　　　　　　　　　　　　　　樹脂製防振用管継手

図2－13　防振用管継手

3．2　フレキシブル継手

　フレキシブル継手は，軸に垂直方向のたわみ，ねじれ又は機器と配管との接続部の変位を吸収するために用いられる継手で，一般に，可とう管継手，たわみ管継手，変位吸収管継手などと呼ばれる。
　構造は，ステンレス鋼製のベローズ形で，材質としては，ベローズ及びその保護鋼帯は，ステンレス鋼（SUS 304, SUS 316）製とし，十分なたわみ性（可とう性）を必要とする。
　図2－14にフレキシブル継手の例を示す。

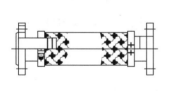
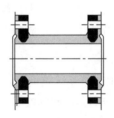
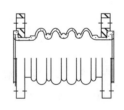

（a）ステンレス製ベローズ形　　（b）合成ゴム製円筒形　　（c）合成ゴム製ベローズ形

図2－14　フレキシブル継手

3．3　防　食　継　手

　樹脂ライニング鋼管のねじ接合に当たっては，管端防食継手を使用するなど，管端の防食に十分注意する必要がある。
　図2－15に管端防食継手を示す。

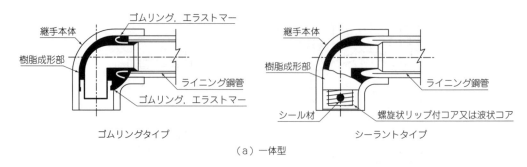
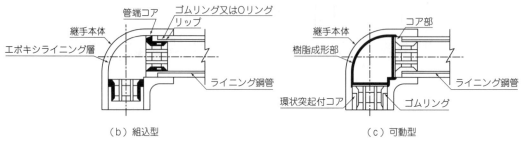

図 2-15 管端防食継手

【練習問題】

次の文章の中で，正しいものには〇印を，誤っているものには×印をつけなさい。

（1） 鋼管継手の大きさの呼びは，違径2口の場合は，径の大きいほうを先に呼ぶ。
（2） ボールジョイントは3個又は2個を1組として使用して，小スペースで大きな伸縮量を吸収できる。
（3） 鋳鉄管では，鋼管の継手に相当するものを異形管という。
（4） 耐熱性硬質ポリ塩化ビニル管継手は，温度120℃以下の温水配管に使用する。
（5） 水道用ポリエチレン管金属継手は，接合形式により，メカニカル式と電気融着式がある。
（6） スリーブ形伸縮管継手は，管の温度変化により作動する継手である。
（7） ベンド継手は，狭い場所に容易に取付けることができる。

第3章　弁　　　類

ここでは，管路を流れる流体を停止又は制限するために管路途中に設けられる各種の弁類について述べる。

第1節　弁　　　類

1.1　仕切弁（ゲートバルブ）

仕切弁は，流体の通路を弁体にて垂直に遮断する。その形が流体を仕切るようになるので仕切弁と呼ばれる。全開時には開度が口径と同じになるため流体の圧力損失[*1]が非常に小さい。しかし，半開の状態で使用すると弁体の背面に渦流を生じ，振動を起こしたり，ときには弁体が浸食されたりすることがある。

弁の材質には，青銅製，鋳鉄製，鋳鋼製などがある。接続方式には，ねじ込み形とフランジ形がある。また弁棒の昇降とともに弁体が上下して開閉する外ねじ式と弁棒の回転によって弁体のみが昇降する内ねじ式とがある。外ねじ仕切弁は，弁を開くときに弁棒がハンドルの外に出てくるので場所を広く必要とする。内ねじ仕切弁は，ねじ部が流体内にあるので，腐食による支障をきたすことがある。図2-16(a)に仕切弁を示す。また表2-16に一般的な弁の規格（JIS B 2011）を示す。

1.2　玉形弁（ストップバルブ）

この弁は弁箱が玉形であることから玉形弁と呼ばれる。玉形弁は，弁箱内における流体の方向が急激に変化するため流体抵抗[*2]が大きい。流体は弁体の下方から上方へ流れるのが普通で，逆に流すと弁を開けるのが困難な場合がある。しかし，リフト[*3]が小さいので開閉時間が早く，半開でも使用することができる。

玉形弁の変形にアングル弁がある。これは機能的には玉形弁と同じであるが，流れを直角方向に変えるものである（図2-16(b), (c)）。

---

*1　圧力損失：直線部分の摩擦抵抗と曲がりや分岐の局部抵抗の合計で，圧力降下ともいう。
*2　流体抵抗：流れと反対の方向に作用する力，すなわち流れに逆らう力をいう。
*3　リフト：揚程，低い位置から高い位置に持ち上げることをいう。

1.3 逆止め弁（チャッキバルブ）

　逆止め弁は，流体を一方向のみに流し，流体の背圧[*1]によって逆流を防止する弁である。

　種類には，スイング[*2]式とリフト式がある。スイング式は，弁座[*3]のすり合わせの状態からみると仕切弁に似ており，水平，垂直配管に用いられる。リフト式は玉形弁に似ていて水平管のみに用いる。弁が開いた状態では開口面積的にスイング式のほうが大きいが，リフト式は玉形弁のように閉止が完全で開閉時間が短いという特徴がある。

　逆止め弁は管内圧力と閉止時間などによって，ウォーターハンマ[*4]を起こすことがある。それを防止するのにスプリングと案内ばねをもった衝撃吸収式逆止め弁（スモレンスキー逆止め弁）がある。

　また，特殊な逆止め弁としてフート弁がある。これはポンプの吸込配管の末端に取付け，ポンプ運転中は開き，停止したときは吸込み水の落下を防ぐ弁である（図2-16(e)）。

表2-16　一般的な弁の規格（JIS B 2011: 2013）

呼び圧力	弁類	シート	A	8	10	15	20	25	32	40	50	65	80	100
			B	(¼)	(⅜)	(½)	(¾)	(1)	(1¼)	(1½)	(2)	(2½)	(3)	(4)
5K	ねじ込み形玉形弁	メタル及びソフト		—	—	○	○	○	○	○	○	○	○	○
	ソルダ形玉形弁			—	—	○	○	○	○	○	○	—	—	—
	ねじ込み形仕切弁	メタル		—	—	○	○	○	○	○	○	○	○	○
	ソルダ形仕切弁			—	—	○	○	○	○	○	○	—	—	—
10K	ねじ込み形玉形弁	メタル及びソフト		○	○	○	○	○	○	○	○	○	○	○
	ねじ込み形アングル弁					○	○	○	○	○	○	○	○	○
	ソルダ形仕切弁			—	—	○	○	○	○	○	○	—	—	—
	ねじ込み形仕切弁	メタル		—	—	○	○	○	○	○	○	○	○	○
	ソルダ形仕切弁			—	—	○	○	○	○	○	○	—	—	—
	ねじ込みリフト逆止め弁	メタル及びソフト		—	○	○	○	○	○	○	○	—	—	—
	ねじ込みスイング逆止め弁													
	ソルダ形リフト逆止め弁			—	—	○	○	○	○	○	○	—	—	—
	ソルダ形スイング逆止め弁													
	フランジ形玉形弁	メタル及びソフト		—	—	◎	◎	◎	◎	◎	◎	◎	◎	◎
	フランジ形アングル弁			—	—	◎	◎	◎	◎	◎	◎	—	—	—
	フランジ形式仕切弁	メタル		—	—	—	◎	◎	◎	◎	◎	◎	◎	—

備考1）ソルダ形は，銅配管だけに適用する。
　　2）呼び径の○は，A，Bどちらでもよい。◎は，Aだけであることを示す。

[*1]　背圧：流体が流れるときの流体がもつ圧力をいう。
[*2]　スイング：ぶら下がる。前後に揺れて開いたり閉じたりする。
[*3]　弁座：弁内部の弁体を受けて密閉を保つ部分をいう。
[*4]　ウォーターハンマ：水栓，弁などにより管内の流体の流れを瞬時に閉じると，閉じた点より上流側の圧力が急激上昇し，そのときに生じる圧力波が配管系内を一定の速度で伝わる現象をいう。

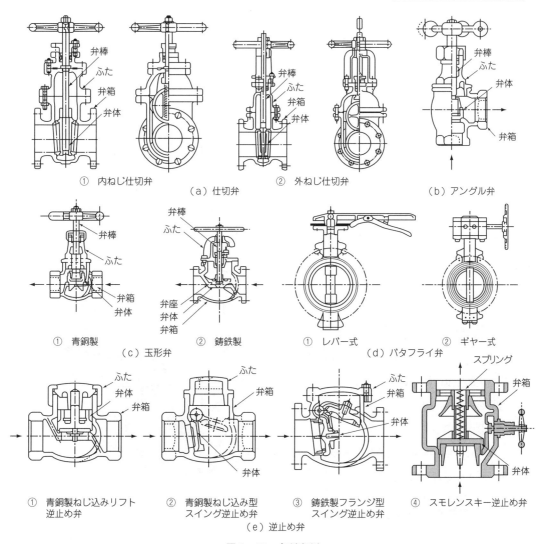

図 2-16 各種弁類

1.4 バタフライ弁（バタフライバルブ）

バタフライ弁は，弁箱の中心軸に円板状の弁体を取り付け，軸を回転することによって弁体が流路を開閉する弁である（図 2-16(d)）。

バタフライ弁の特長は次のとおりである。

① 構造が簡単で，小形軽量のため，取付けスペースが小さい。
② 弁の開閉時間が比較的早く，開閉操作が小さい。
③ 流体抵抗が小さく，流量特性がよい。
④ 大口径の弁は，価格が安い。
⑤ 全開時に気密性・保持が難しい構造で，低圧の管路で広く使用される。

1.5 コック及びボールバルブ

(1) コック

コックは，円すい状の栓の回転で流路を開閉する構造で，グランドを有しているものをグランドコックといい，有していないものをメインコック又はピーコックという。図2－17にグランドコックを示す。

コックは弁体と栓との接触によって気密を保っているので，回転するときに相当の力を必要とし，接触面にごみなどをかむと弁体や栓に傷がつき，機能を失うことがある。

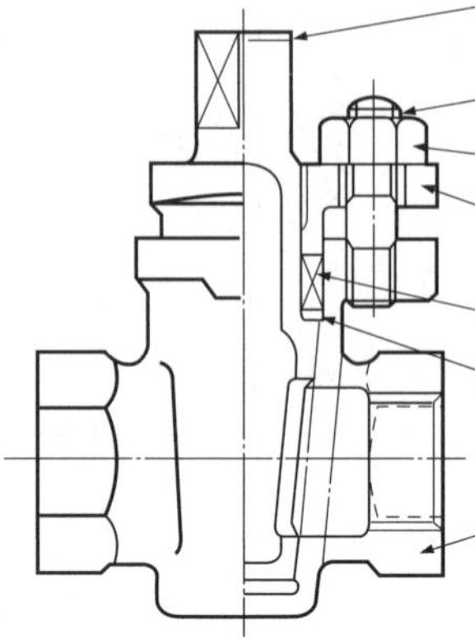

図2－17 青銅ねじ込みグランドコック

(2) ボールバルブ

ボールバルブは，コックと同じような機構で，ハンドルを90°回転することにより，ボールが回転し，開閉を行うものである。図2－18にボールバルブを示す。

ボールバルブは，小形で操作が容易である，流体抵抗が小さいなどの特長がある。

図2－18 ボールバルブ

1.6 圧力調整弁及び温度調整弁

(1) 圧力調整弁（減圧弁[*1]）

圧力調整弁は，流体の圧力（一次圧力）を一定の圧力（二次圧力）に下げる場合に使用する。

弁の種類には，流体の種別から，水用，蒸気用及びガス用に区分され，弁座の数より単座弁及び複座弁がある。また，弁の開閉機構から連動式，スプリング式などがある。

(2) 温度調整弁（サーモスタット）

温度調整弁は，熱交換器や貯湯タンクなどへ蒸気や高温水などを供給する場合，その供給量を加減して熱交換された温水温度を一定に調整するために使用する弁である。

温度調整弁は，弁本体，感温筒[*2]及び連絡管からなり，感温筒内に封入されたアルコールなどの液体の膨張力を応用して弁体を上下に動かせ，蒸気や高温水の供給量を調節する。

---

*1 減圧弁：気体や液体を通し，弁の入口圧力を一定の圧力まで減圧し出口に送る弁をいう。
*2 感温筒：温度調整弁の温度を検知する部分をいう。

1.7 ボールタップ及び定水位調整弁

(1) ボールタップ

ボールタップは，ハイタンク，ロータンク，受水槽などへの給水を自動的に行う自動開閉弁である。

構造は，ボール（浮子），レバー及び弁からなり，ある一定水位に水が上昇すると，ボールの浮力がレバーに伝わり弁が閉じ，水位が低下すれば弁が開いて給水が行われる。

種類には単式と複式がある。ボールの材質は金属とプラスチックのものがある。

(2) 定水位調整弁（FMバルブ）

定水位調整弁は，受水槽への給水を自動的に行う弁である。

構造は，弁，メイン管及びパイロット管よりなり，水位が低下すると，パイロット管のボールタップ又は，電磁弁*が開き，パイロット管内の圧力が低下すると弁が開き，メイン管より給水が行われる。水位が一定位置まで上昇するとボールタップ又は電磁弁が閉まり，パイロット管内圧力が上昇し，弁が閉じる機構になっている。図2-19に定水位調整弁を示す。

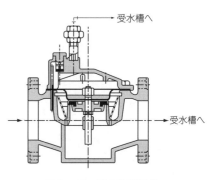

図2-19 定水位調整弁

【練習問題】

次の文章の中で，正しいものには○印を，誤っているものには×印をつけなさい。
(1) 仕切弁には，外ねじ仕切弁と内ねじ仕切弁があり，外ねじ仕切弁は内ねじ仕切弁に比べて取付けスペースが大きい。
(2) 玉形弁は，弁箱が玉形であるので液体抵抗が大きい。
(3) リフト式逆止め弁は，水平配管のみに取付けることができる。
(4) 逆止め弁には，スプリングと案内ばねを内蔵した衝撃吸収式がある。
(5) バタフライ弁は構造が複雑で，取付けスペースが大きい。
(6) コックは，円すい状の栓の回転で流路を開閉するものである。
(7) ボールバルブの特徴は，小形で，操作が容易であり，流体抵抗は小さい。
(8) 圧力調整弁は，流体の圧力（一次圧力）を常に一定の圧力（二次圧力）に上げる場合に使用

---

* 電磁弁：信号電流を受け，電磁コイルの電磁力を用いて，自動的に弁を開閉させる弁をいう。

される。
（9） 温度調整弁は，蒸気や高温水の供給量を調節することはできない。
（10） ボールタップは，受水タンクへの給水を自動的に行う自動開閉弁である。

第4章　ガスケット及びパッキン

ここでは各種のガスケットやパッキンの材質，用途，特徴などについて述べる。

ガスケット及びパッキンは，配管・機器・装置などの接合部又は回転部分からの流体の漏れを防止するために用いる詰め物をいう。一般には，固定部などの静止体の密封（シール）に用いるものをガスケット，回転部やしゅう動部などの運動部分の密封に用いるものをパッキンという。

第1節　フランジ用ガスケット

1．1　ゴム及び加工品

天然ゴム[*1]は弾性が大きく，吸収性はない。希薄な酸やアルカリには侵されないが，熱や油には弱い。100℃以上の高温では使用されず，また－55℃で硬質変化する。用途としては，給水，排水，空気配管などに用いられ，油，蒸気，温水，冷媒[*2]配管などには使用できない。

ネオプレーンは合成ゴムで，その性質は天然ゴムに似ているが，耐油，耐熱，耐酸，耐候性をもち，機械的性質もよく，引張り，引き裂き，摩耗などにも強い。－46℃～121℃の間で安定していて，120℃以下の配管にはほとんど使用できる。

蒸気配管を除き，水，空気，油，冷媒配管などに使われている。

1．2　合成樹脂ガスケット

合成樹脂ガスケット（図2－20）は，薬品，油に侵されにくく，耐熱範囲も－260℃～260℃で，使用範囲が広い。板のままガスケットとして使うこともあるが，薄い金属板などで被覆したものも使われている。また特殊な方法で水に溶かし，繊維質のガスケットにしみ込ませたものや，黒鉛，グラスファイバーなどと混合して，成形したものもある。

液体が蒸気，水，油などの管フランジに使用する非金属平形ガスケットの種類と形状を表2－17に，ガスケットの厚さを表2－18に示す。

---

*1　天然ゴム：ゴムの樹より取り出した生ゴムをいう。
*2　冷媒：冷凍装置の冷凍サイクルに用いられる蒸発しやすい液体をいう。

図2−20 合成樹脂ガスケット

表2−17 ガスケットの種類と形状 (JIS B 2404: 2018)

シートガスケット		ガスケット形状
シートガスケット	ゴムシート（布入りゴムシートを含む。）	リングガスケット
	ジョイントシート	
	ふっ素樹脂切削シート	
	ふっ素樹脂延伸シート	
	ふっ素樹脂延伸シート高密度品	全面形ガスケット
	充填剤入りふっ素樹脂圧延シート	
	膨張黒鉛シート（金属補強品を含む。）	

表2−18 シートガスケットの呼び厚さ (JIS B 2404: 2018)

シートガスケットの種類	シートガスケット呼び厚さ [mm]				
	1.0	1.5	2.0	3.0	5.0
ゴムシート	−	○	○	○	○
布入りゴムシート	−	○	−	○	○
ジョイントシート	○	○	○	○	−
ふっ素樹脂切削シート	○	○	○	○	−
ふっ素樹脂延伸シート（高密度品を含む。）	○	○	○	○	−
充填剤入りふっ素樹脂圧延シート	○	○	○	○	−
膨張黒鉛シート（金属補強品を含む。）	○	○	○	○	−

備考：表中の"○"は，通常よく使用されるガスケットの呼び厚さを示す。

1．3 金属ガスケット

金属ガスケット（メタルガスケット）には，軟鋼，純鉄，ステンレス鋼，銅，アルミニウム，チタン，特殊合金製などがある。

冷暖房配管では，主として軟鋼が使用されるが，ときには銅が使用されることもある。

金属ガスケットには，図2−21のようなものがある。

図2-21　金属ガスケット

第2節　ねじ込み用ガスケット

ねじ込み用ガスケットには，液状合成樹脂ガスケット，シールテープ[*1]などがある。

液状合成樹脂ガスケットは，一般に，化学薬品に強く，耐油性をもち，-30～130℃の蒸気，水，温水，ガス，薬品などの配管に用いられている。

シールテープは，四フッ化エチレン樹脂[*2]などを加圧してテープ状にしたもので，厚さは0.1mmぐらいである。使用温度範囲は-100～260℃といわれ，電気絶縁性もよく，化学的にも優れている。各種の溶剤，薬品にも耐え，風化[*3]や老化[*4]の心配もなく，強じんであるから，すべての配管に使用できる。テープをねじ部の先端に1巻きし，約10mmぐらい重ね合わせてねじ込めばよく，ねじ込み，取り外しとも容易で，一般に，小口径の管に用いられる。

第3節　グランドパッキン

回転軸やしゅう動軸からの液体の漏れを少なくするために用いる密封用パッキンで，軸周とパッキン箱との間に詰め込み，パッキン押さえで軸方向に圧縮して軸に密着させて使用するものである。

種類には，ソフトパッキン（非金属パッキン），メタリックパッキン，セミメタリックパッキンなどがある。

ソフトパッキンは，合成樹脂，黒鉛，ゴム，麻などを材料とし，非常に柔軟で漏えい防止に適している。ポンプ，圧縮機[*5]などの軸封に使用される。

メタリックパッキンは，鉛，すずなどの軟らかい金属小片を成形したもので，径方向及び軸方向に

---

* [*1] シールテープ：水密や気密を必要とする箇所を密封するためのテープをいう。
* [*2] 四フッ化エチレン樹脂：記号はPTFEで表す。通常の化学薬品にはまったく侵されず，不燃性であり，吸水性，吸湿性がなく，電気的，熱的性質も極めて優れている。ただし，成形性が容易でなく，価格が高いことが欠点である。
* [*3] 風化：空気にさらされてぼろぼろになる現象をいう。
* [*4] 老化：使用年数が長くなると，動きが衰える現象をいう。
* [*5] 圧縮機：空気や各種ガスなどの気体を圧縮して圧力を高める機械をいう。

加圧密着させて漏れを防ぐものである。

セミメタリックパッキンは，黒鉛などを鉛などの薄い軟金属板で包み込んでつくられたものである。図2－22にグランドパッキンの使用例を示す。

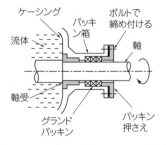

図2－22　グランドパッキンの使用例

【練　習　問　題】

次の文章の中で，正しいものには○印を，誤っているものには×印をつけなさい。

（1）　パッキンとは，静止体の密封に用いるものをいう。
（2）　天然ゴムは，弾性が小さく，熱や油に強い性質がある。
（3）　合成樹脂ガスケットには，薄い板状のものと，薄い金属板などで被覆したものがある。
（4）　非金属平形ガスケットの種類には，ゴムシート，布入りゴムシート，四フッ化エチレン樹脂シート，膨張黒鉛シートなどがある。
（5）　シールテープの使用温度範囲は，−30〜130℃である。
（6）　グランドパッキンの種類には，ソフトパッキン，メタリックパッキン，セミメタリックパッキンなどがある。
（7）　ソフトパッキンの材料には黒鉛は使用されない。

第5章　支持金物，ボルト・ナット

配管を支持する金物を支持金物という。ここでは各種支持金物及びボルト・ナットについて述べる。

第1節　支　持　金　物

配管を支持するために必要な金物で，管の自重，振動などに耐え得るものでなければならない。水平配管用のものと立て管用のものがある。さらに，振動の伝播(でんぱ)を防ぐ場合は，防振材付きのものを，また，地震に耐える支持金物などがある。

1．1　水平配管支持金物

水平配管用金物には，インサート[*1]とつり金物[*2]がある。インサートを建築物のコンクリート打設前に，型枠に取り付けておく。打設後，型枠の取り外しを待って，配管支持金物をこれに取り付ける。材質には，鋼製，鋳鉄製，プラスチック製などがある。

つり金物は，配管を水平に支持するのに便利なように，種々の形状のものがある。また，2本以上の並列する配管の場合は，共用の形鋼[*3]を用いて管支持する。図2－23にこれらの形状を示す。

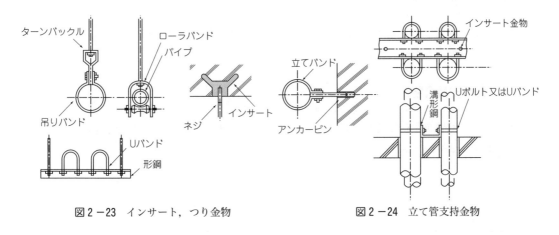

　　図2－23　インサート，つり金物　　　　　図2－24　立て管支持金物

---

* *1　インサート：管やダクトを天井からつり下げて支持する場合，あらかじめコンクリートの中に埋め込んでおく金物で，ボルトがねじ込めるようになっている。
* *2　つり金物：配管やダクトなどを天井より支持するときに用いる金具である。上部はインサートにねじ込み，下端に受け金物を取り付ける。
* *3　形鋼：構造用として広く用いられている鋼材で，断面形状により，L形鋼（アングル），H形鋼，溝形鋼，I形鋼などがある。

1．2　立て管支持金物

立て管支持金物には，壁面で支持するものと，床面で支持するものとがある。
壁面用，床面用の支持金物の例を図2－24に示す。

1．3　固定金物

水平配管でも立て管配管でも，管の動揺を防止したり，管の熱による伸縮を伸縮管継手[*1]により正しく吸収するため，管を固定する必要がある。
図2－25に単式伸縮管継手の固定及びガイドを示す。

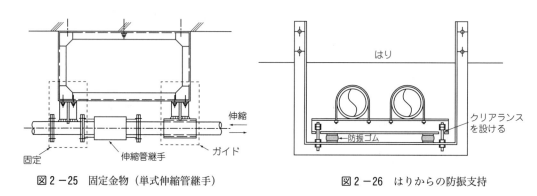

図2－25　固定金物（単式伸縮管継手）　　　　図2－26　はりからの防振支持

1．4　防振支持金物

配管の振動を構造体への伝達をできるだけ小さくするために防振支持金物を用いる。
図2－26に防振つり金物や防振ゴム[*2]を示す。

1．5　耐震支持金物

地震の際に，配管が左右に動揺して，配管及び機器に損傷を与えないように，耐震支持金物を取り付ける必要がある（図2－27）。

---

*1　**伸縮管継手**：蒸気配管などで管の膨張が吸収されない部分に取り付ける継手をいう。
*2　**防振ゴム**：ゴムの弾性によって振動を吸収するものをいう。

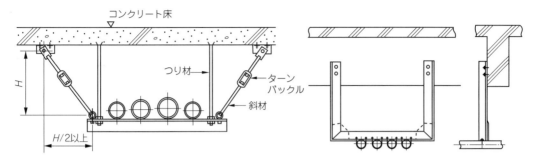

図2−27　水平配管の耐震支持

第2節　ボルト・ナット

2.1　ボルトの種類と形状

ボルトとは、ねじを応用して締付けに用いる機械要素*で、通常は、一端に六角又は四角の頭部をもち、他端にねじ部をもつものが多く、機器類の取付けや、分解が容易なため広く用いられている。ナットと組み合わせて使用する場合が多い。

図2−28に示すように用途に応じて、いろいろなボルトが使われている。

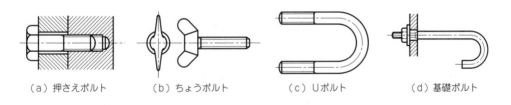

図2−28　ボルトの種類と形状

ボルトの頭部は一般に六角形であるが、ときには、四角形のものや円形のものがあり、その他特殊な形のものがある。図2−29にボルト頭部の形状を示す。

図2−29　ボルト頭部の形状

---

*　機械要素：機械部品のうち、ボルト、ナット、管、管継手、弁などのように、各種の機械に共通して機械を構成する要素となるものをいう。

2.2 ナットの種類と形状

ナットとは，ボルトのおねじにめねじをねじ込んで，ものを締め付けるときに用いるもので，外形は六角形が一般的であるが，四角形や丸形のほか用途に応じて各種のものがある。図2-30に各種ナットを示す。

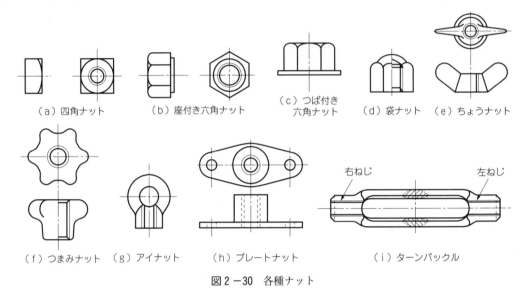

図2-30 各種ナット

【練 習 問 題】

次の文章の中で，正しいものには○印を，誤っているものには×印をつけなさい。
（1） インサートとは，パイプを天井からつり下げて支持する場合に用いる天井埋込み金具である。
（2） つり金物とは，パイプを天井からつり下げて支持する場合に用いる金具である。
（3） 2本以上の水平並列配管支持の場合は，荷重の関係で，共通支持でなく，単独配管支持とする。
（4） 2本以上の立て管を床面で支持する場合は，共通支持でなく，必ず単独配管支持とする。
（5） 防振支持の目的は，配管の振動を建物への伝達をできるだけ小さくするためである。
（6） 水平配管に耐震支持を行う場合は，振動を防止するために振れ止め用の斜材を用いる。
（7） ナットにはおねじが，ボルトにはめねじが切ってある。

第6章　配管付属品の種類及び用途

　配管から送られた流体は，配管途中又は，末端部でそれぞれの目的に応じた器具を用いてその機能を発揮する。

　ここでは，給水栓，トラップ，阻集器，ストレーナなどについて述べる。

第1節　給　水　栓

1．1　給水栓の種類

　給水栓は水受け容器に給水，給湯するための器具で，「JIS B 2061　給水栓」で規定される種類のほかに，各種用途に応じて様々な機能を有した器具がある。

　給水栓は，水又は湯のみを供給する単水栓，湯水を混合して供給する湯水混合水栓，その他，止水栓，洗浄弁，ボールタップなどがあり，使用圧力は0.75MPa以下である。

　また，節水の観点から節水こま入り水栓がある。通常，水を流しながら手洗いや洗顔をする場合，8～10ℓ/min程度の吐水流量が適当であるが，従来の給水栓では必要以上の吐水流量がある。普通こまに比べて約20～70％の吐水流量である。

　表2－19に給水栓の種類，呼び径及び補助区分を，図2－31に給水栓の形状を示す。

表2－19　給水栓の種類，呼び径及び補助区分（JIS B 2061: 2017）

区分	種類	呼び径			補助区分
単水栓	横水栓	13	20	25	吐水口回転形，自在形，横自在形，グースネック形，ホース接続形，埋込形，2口，3口，4口，分岐形，シャワー形
	立水栓	13	20	25	
	横形衛生水栓	13	—	—	
	立形衛生水栓	13	—	—	
	壁付き化学水栓	13	—	—	1口，2口，3口，4口
	台付き化学水栓	13	—	—	1口，2口，3口，4口，振分2口，振分4口
	横形水飲水栓	13	—	—	
	立形水飲水栓	13	—	—	
	元止め式専用水栓	13	—	—	浄水器用，電気温水器用
湯水混合水栓	壁付きサーモスタット湯水混合水栓	13	20	25	シャワー形，シャワーバス形，埋込形，ホース接続形，2口，3口，4口，分岐形，分岐口付き，節湯形（2ハンドル湯水混合水栓を除く。）
	台付きサーモスタット湯水混合水栓	13	20	25	
	壁付きミキシング湯水混合水栓	13	20	—	
	台付きミキシング湯水混合水栓	13	—	—	
	壁付きシングル湯水混合水栓	13	20	—	
	台付きシングル湯水混合水栓	13	20	—	
	壁付き2ハンドル湯水混合水栓	13	20	—	
	台付き2ハンドル湯水混合水栓	13	20	—	
	元止め式壁付きミキシング湯水混合栓	13	—	—	浄水器用，電気温水器用，シャワー形，節湯形（2ハンドル湯水混合栓を除く。）
	元止め式台付きミキシング湯水混合栓	13	—	—	
	元止め式壁付きシングル湯水混合栓	13	—	—	
	元止め式台付きシングル湯水混合栓	13	—	—	
	元止め式壁付き2ハンドル湯水混合栓	13	—	—	
	元止め式台付き2ハンドル湯水混合栓	13	—	—	
止水栓	アングル形止水栓	13	20	—	分岐形，分岐口付き
	ストレート形止水栓	13	20	—	
	腰高止水栓	13	20	25	
	Y形止水栓	13	20	—	
	分岐止水栓	13	20	—	
ボールタップ	横形ロータンク用ボールタップ	13	—	—	
	立形ロータンク用ボールタップ	13	—	—	吐水口水没形
	横形ボールタップ	13	20	25	
洗浄弁・洗浄水栓	大便器洗浄弁	—	—	25	分岐口付き
	小便器洗浄弁	13	—	—	
	小便器洗浄水栓	13	—	—	

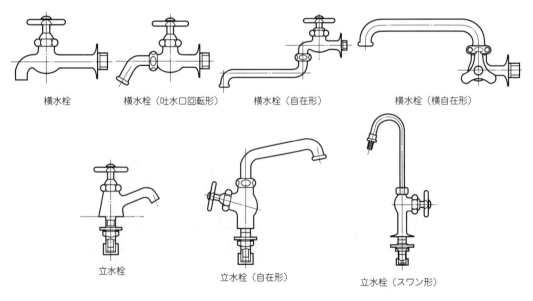

図2－31　給水栓の形状

第2節 トラップ

2．1 排水トラップ

　排水管内に排水される汚物は，管の内壁に付着し，硫化水素などのガスを発生し，不快臭を発生する。

　トラップは，この下水ガスが排水管を通って室内に逆上昇することや，ネズミ，害虫などの進入を防止するため，衛生器具に内蔵させるか，それらの付属品として，又は排水系統中の装置として，その内部に水封[*1]部をもたせた器具，装置のことであり，排水トラップともいう。

　排水トラップの種類には，管トラップ，ドラム形トラップ，わん形トラップなどがある。図2－32に排水トラップの基本形態を示す。

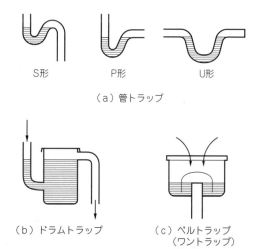

図2－32　トラップの基本形態

　管トラップは，管をU字形，S字形又はP字形のいずれかに曲げた形状をしたものである。

　施工する際，同じ配管系等に2箇所のトラップを設けてはならない（Wトラップ）。管内が真空となり，排水が困難になるためである。

2．2 蒸気トラップ

　蒸気トラップは，蒸気配管や放熱器の末端などに取り付け，蒸気を阻止して凝縮水[*2]及び空気を排出するものである。

（1）ベローズ形熱動トラップ

　金属ベローズ[*3]の中に揮発性の液を封入し，温度の高い蒸気にふれると膨張して弁を閉じ，温度の低い凝縮水又は空気にふれると収縮して弁を開くトラップである。作動は間欠的で，弁の開閉温度は

[*1]　水封：トラップのU字管部におけるように，管の一部に水を蓄え，下水ガス，臭気，衛生害虫などの流通を遮断することをいう。また，トラップの水封の深さを封水深さという。すなわち，トラップの水底面頂部（ディプ）とあふれ面（ウェア）との深さをいい，50mm以上100mm以下であることが要求されている。
[*2]　凝縮水：蒸気の温度が低下して，水に返ることをいう。
[*3]　ベローズ：ベローともいう。りん青銅やステンレス鋼などの金属板を，じゃ腹のように波状に成形し，柔軟性，密封性をもたせたものをいう。

ベローズの中へ封入される液の種類によって定まる。主に放熱器に使用される。

(2) バケットトラップ

バケット*¹ の自重とその浮力の差によって弁を開閉し、蒸気と凝縮水管の圧力の差によって凝縮水を排出するトラップである。上向き・下向きの2種類があり、空調機、ユニットヒータなどに使用される。

(3) フロートトラップ

フロート*² の浮き沈みによって弁を開閉するもので、バケットトラップに比べて多量の凝縮水を連続的に排出することができる。空調機、冷凍機、熱交換器などに使用される。

(4) 衝撃式トラップ

トラップの中に設けた変圧室の圧力降下によって開閉するトラップである。主に管末トラップに使用される。

図2-33に各種のトラップを示す。

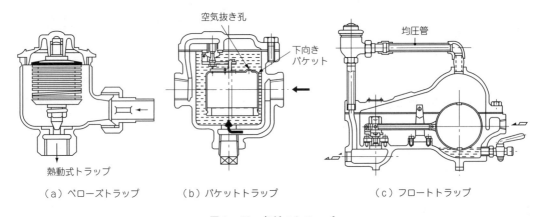

図2-33 各種のトラップ

第3節 阻 集 器

3.1 各種の阻集器

排水中に含まれる有害・危険な物質、望ましくない物質、又は再利用できる物質の流下を阻止・分離・収集して、残りの水液のみを自然流下により排水できる形状・構造をもった器具又は装置を阻集器という。

---

*1 バケット：流体などを入れて運ぶ鋼製の容器をいう。バケツの意。
*2 フロート：浮子。

具体的には，グリース阻集器，オイル阻集器，プラスタ阻集器，砂阻集器，毛髪阻集器，洗濯場阻集器などがある。

(1) グリース阻集器

営業用調理場など厨房の排水のうち，脂肪分を多く含む排水中の油脂を回収するために設ける（図2-34(a)）。

(2) オイル阻集器

自動車の修理工場，給油場，洗車場などで，ガソリン・油類を阻集器の水面に浮かべてこれを回収するものである。それが排水管中に流入して，爆発，引火などの事故を起こすことを防止するために設ける（(b)）。

(3) プラスタ阻集器

歯科技工室，外科病院などの排水中のプラスタ*や貴金属を阻集し，回収するために設ける。

(4) 砂阻集器

屋外に設ける側溝からの排水は，多量の土砂類を含んでいることが多い。排水中に含まれている土砂類を阻集器の中で沈殿させて除去し，土砂類が排水管を詰まらせるのを防止するために設ける（図(c)）。

(5) 毛髪阻集器

美容院，理髪店などの洗面・洗髪器からの排水に含まれている毛髪・美顔用粘土などが排水管を詰まらせるのを防止するために設ける（図(d)）。

(6) 洗濯場阻集器

クリーニング店の洗濯場からの排水に含まれている糸くず，布くず，ボタンなどが排水管を詰まらせるのを防止するために設ける。

---

* プラスタ：鉱物の粉末や石こうを主成分とするもので，壁，天井の塗り仕上げ材料である。

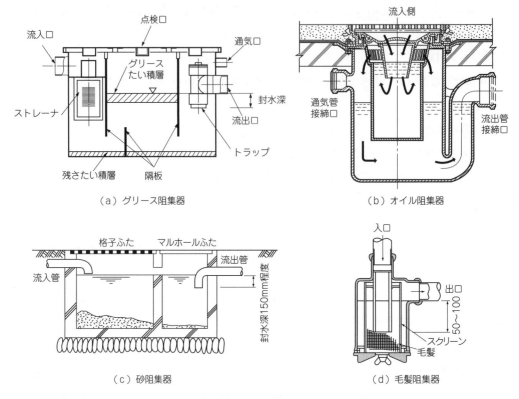

図2-34 各種の阻集器

第4節 ストレーナ

配管内に，ごみ，例えば，土砂，鉄くずが入ると，配管を詰まらせるおそれがあるばかりでなく，各種の弁の弁座部を損傷して，寿命を縮めることになる。これを防止するために，ストレーナ*が用いられる。ストレーナは，内蔵する金網によって，ごみなどをろ過するとともに，定期的に，たまったごみを排除できるような構造をもっている。また，ストレーナは，弁類の前に設置するのが普通である。

4.1 各種のストレーナ

ストレーナには，Y形ストレーナ，U形ストレーナ，V形ストレーナ，T形ストレーナなどがある。また，ストレーナには流れ方向を示す矢印が付いているので，配管の際は注意が必要である。図2-35に各種のストレーナを示す。

---

* ストレーナ：円筒状の金網を用いたろ過器をいう。

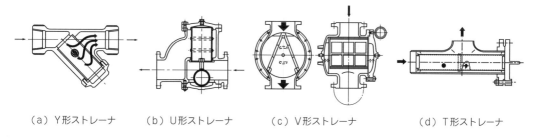

　（a）Y形ストレーナ　　（b）U形ストレーナ　　（c）V形ストレーナ　　（d）T形ストレーナ

図2−35　各種のストレーナ

（1）Y形ストレーナ

本体がローマ字のY形をしており，入口，出口が一直線上にあり，その直線に対して45°の傾きにスクリーンの収納部がある。スクリーンは下方に取り出せる構造になっている（図(a)）。

（2）U形ストレーナ

本体がU形をしており，別名バケットストレーナと呼ばれる。ストレーナがバケット形をしており，そのバケットを上方に引き上げて異物を排除する（図(b)）。

（3）V形ストレーナ

本体がV形をしており，スクリーンは2個の枠に分かれている。スクリーンの引出しは上下いずれの方向でも変えることができる（図(c)）。

（4）T形ストレーナ

本体がT形をしており，配管途中に取り付けるものと，配管曲部に取り付けるものがある（図(d)）。

【練　習　問　題】

次の文章の中で，正しいものには○印，誤っているものには×印をつけなさい。

（1）　給水栓の使用圧力は，0.75MPa以下である。
（2）　節水こまの吐水流量は，普通こまの約20〜70％である。
（3）　単水栓とは，止水栓，洗浄弁，ボールタップなどの給水栓の総称である。
（4）　Sトラップ，Pトラップ，Uトラップを管トラップともいう。
（5）　フロートトラップは，フロートの形式により，上向形と下向形がある。
（6）　グリース阻集器は，排水中の油脂を回収するものである。
（7）　阻集器とは，排水中に含まれる有害・危険な物質，望ましくない物質などの流下を阻止・分離収集して残りの水液のみを流下するものである。
（8）　ストレーナは，配管内にごみ（土砂，鉄くず等）が入って部材の寿命を縮めてしまうことを防止するために用いる。

（9） Y形ストレーナのスクリーンはバケット形をしているので別名バケット形ストレーナと呼ばれる。

第7章　ろう材，溶接棒，接着剤などの種類及び用途

各種の管の接合法には，ねじによる接合，フランジによる接合などがあるが，ここではそれ以外の方法による接合法に使用する材料について述べる。

第1節　ろう材，溶接棒，接着剤など

1.1　ろ う 材

ろう付けには，軟ろう付けと硬ろう付けがあり，軟ろう付けは，溶融温度450℃未満のろうを用いるろう付けであり，最も代表的なものは，はんだ付けである。はんだは，すずと鉛の任意配合による合金である。一般用又は建築用のものはすず30%，鉛70%である。

硬ろう付けは溶融温度が450℃以上のろう付けをいう。

ろうには次のようなものがある。

(1) 銀ろう

銀，銅及び亜鉛が主成分で，カドミウム，ニッケル，すず，リチウム，鉄などの元素が含まれている。

鉄鋼材料，銅，ニッケル及びそれらの合金など，アルミニウムやマグネシウム以外の広範囲な金属のろう付けに用いられる。融点は，620〜800℃である。

(2) 銅ろう及び黄銅ろう

銅ろうの主成分は純銅である。黄銅ろうの主成分は銅及び亜鉛である。

銅ろうは，鉄鋼材料やニッケル基合金，ニッケル－銅合金のろう付けに使用され，非常にぬれがよく，ごく狭いすき間にも浸入する。しかし，ろう付け温度がかなり高いので，母材やろう材の酸化防止のため，通常真空中又は還元雰囲気中で使用される。融点は，1083℃である。

黄銅ろうは古くから使用されている価格の安いろう材である。鉄鉱材料，銅及び銅合金，ニッケル及びニッケル合金のろう付けに用いられる。融点は，820〜935℃である。

(3) りん銅ろう

主成分は銅，りん及び銀である。りんが酸化物を還元する作用があるため，フラックス*を用いないでろう付けできる。

銅及び銅合金のろう付けに用いられる。融点は，720〜925℃である。

---

*　フラックス：溶接で生じる酸化物や有害物の除去に用いる添加剤をいう。

（4）ニッケルろう

ニッケルにクロム，ほう素，けい素，鉄，炭素，りん，鉛などの元素が添加されている。

ろう付け高温強度が高く，耐酸化性や耐食性に優れている。ステンレス鋼，ニッケル，タングステン，モリブデンなどに用いられる。融点，875〜1135℃である。

（5）金ろう

金を主成分とし，銅，ニッケル，銀などが添加されている。貴金属のろう付けに用いられる。融点は890〜1030℃である。

1.2 溶接棒

（1）軟鋼用被覆アーク溶接棒

軟鋼用被覆アーク溶接棒は，軟鋼の溶接に使用する溶接棒である。

被覆剤の系統，溶接姿勢及び電流の種類によって多種ある。

（2）軟鋼，低合金鋼用ティグ溶加棒及びソリッドワイヤ

軟鋼，低合金鋼の溶接に使用するティグ溶接用の棒及びソリッドワイヤ[*1]である。

種類は，添加棒及びワイヤの化学成分と溶着金属の機械的性質によって区分されている。

溶加棒の径は，1.2, 1.4, 1.6, …5.0mm

ワイヤの径は，0.6, 0.8, 0.9, …2.0mmである。

（3）溶接用ステンレス鋼溶加棒及びソリッドワイヤ

ティグ溶接[*2]，ミグ溶接[*3]などに用いるステンレス鋼溶加棒及びソリッドワイヤである。

溶加棒及びワイヤの種類は多数ある。

1.3 ゴム輪

ゴム輪は，配管用炭素鋼鋼管のメカニカル接合[*4]，ステンレス鋼鋼管のビクトリック接合[*5]及び鋳鉄管の接合などに使用される。

ゴム輪の特徴は次の通りである。

① 水密性に優れているので，高水圧に耐える。

② 可とう性があるので，多少の振動に対して順応する。

[*1] ソリッドワイヤ：フラックスを内蔵しない圧延・線引き過程を経て製造されたコイル状のワイヤ，実体ワイヤともいう，ミグ溶接などで使われる。

[*2] ティグ溶接（TIG溶接）：タングステンイナートガス溶接の意。電極としてタングステン棒を用いる。

[*3] ミグ溶接（MIG溶接）：溶接用の金属線を電極とし，アルゴンやヘリウムなどの不活性ガスを用いた溶接をいう。

[*4] メカニカル接合：継手部分にゴム輪を挿入し，押し輪で押さえて締め付ける接合法である。

[*5] ビクトリック接合：鋼管などの接合に用いるもので，ゴム輪とハウジングで押さえて接合する方法である。

③ 伸縮性に富むので，管の伸縮を容易に吸収する。
④ 施工が簡単である。

1.4 接着剤

接着剤には，有機質接着剤及び合成樹脂接着剤がある。

接着剤の性能は，接着する物の種類によっても異なるが，一般に合成樹脂接着剤のほうがまさり，特に微生物（かび類）によって劣化されることのない点が優れている。

金属相互の接着には，ろう付けのように特殊な金属を溶融して用いる場合もあり，また石造品などの接着には，セメント，石こう（膏），水ガラスなどを使用する。

硬質ポリ塩化ビニル管の接着接合に用いる接着剤の材料は，ポリ塩化ビニルを主原料とし，テトラヒドロフラン，メチルエチルケトンなどの溶剤で溶解したもので，接着力や速乾性を具備する。

表2-20に，接着力，乾燥減量などの性能を示す。

表2-20 接着剤の性能

品　質	種　類	低 粘 度	高 粘 度
接着力（MPa）	接合後15分を経過したもの	1.25以上	1.25以上
	接合後2時間を経過したもの	2.5以上	2.5以上
乾　燥　減　量（％）		30～50	30～50
粘　　　度（mPa・s）		100～800未満	500～3000

1.5 モルタル

モルタルは，セメントと細骨材（砂）に水を加えてつくったもので，セメントはポルトランドセメント，高炉セメント，フライアッシュセメントなどを使用する。混和材は，表面活性剤，防せい剤，炭石粉末，膨張材などがある。

細骨材は良質で有害量の塩分，泥土，ごみなどの有機物を含まないもので，その粒度は，基本的には5mmふるいを全部通過するものであるが，実用上は10mmふるいを全部通り，5mmふるいを質量で85％以上通過するものでなければならない。

水は清浄で，有害量の塩分，硫黄分，有機物などを含まないものでなければならない。

モルタルの調合割合は，ワーカビリチー*，強度，耐久性などによって決めるが，概略を次に示す。

---

* ワーカビリチー：生コンの打込み作業の難易の程度を表す語

a．下塗り用

　コンクリートと密着をよくするため，セメント量を多くし，セメント：細骨材＝1：1又は1：1.5の配合とする。

b．防水モルタル

　市販の防水剤を規定量混合したモルタルである。しかし完全な防水剤はないので，その選択と配合に十分な配慮が必要である。

c．プラスター

　セメント1に対して混和剤を0.5～2％混合したモルタルで，薄く打っても保水性がよく，表面も平滑に仕上がる。しかし，アルカリ度が高いので注意が必要である。

d．タイル用

　セメント1に対して0.5～1％の混和剤を配合したモルタルは，保水性がよく，下地によくつくようになる。

【練習問題】

次の文章の中で，正しいものには〇印を，誤っているものには×印をつけなさい。

（1）　銅管のろう付け接合で，リン銅を用いてろう付けする場合には，フラックスが必要である。

（2）　ステンレス鋼鋼管のろう付け接合には，ニッケルろうを用いる。

（3）　軟鋼の溶接には，軟鋼用被覆アーク溶接棒を使用する。

（4）　配管用炭素鋼鋼管のメカニカル接合には，ゴム輪は使用されていない。

（5）　ゴム輪の特徴は，水密性に優れ，可とう性があり，伸縮性に富むことなどである。

（6）　硬質ポリ塩化ビニル管の接着接合に用いる接着剤は，塩化ビニル重合体を主原料としたものである。

第8章　関連工事用材料の種類，性質及び用途

　給排水・衛生設備及び空気調和設備の配管，ダクト，機器などは，保温・保冷，防露，防凍，防食などが必要である。ここでは，これらに用いる材料について述べる。

第1節　熱絶縁（被覆）材料の種類，性質及び用途

1．1　保温・保冷材料

（1）人造鉱物繊維保温材（グラスウール保温材）（JIS A 9504）

　グラスウールは，ガラスを溶融し，繊維化したものである。これは不規則に重なり合った繊維どうしの間に多量の空気が存在するため軽量で優れた断熱性を示す。使用用途により保温板，保温筒，保温帯，ブランケット*などがある。使用温度は250～400℃である。また，保温板24Kというのは，密度24kg/m^3を表す。表2－21にグラスウール保温材の種類と特性を示す。

表2－21　グラスウール保温材の種類と特性（JIS A 9504: 2017）

種類		密度 kg/m^3	熱伝導率 (70℃) W/(m・K)	熱間収縮温度 ℃	繊維の平均太さ μm	粒子の含有率 %
ウール		—	0.042以下	400以上		
保温板	24K	22～26	0.049以下	250以上		
	32K	28～36	0.046以下	300以上		
	40K	37～44	0.044以下	350以上		
	48K	45～52	0.043以下			
	64K	58～70	0.042以下	400以上		
	80K	73～87				
	96K	88～105				—
波形保温板		37～105	0.050以下	350以上		
保温帯	A	22～36	0.052以下	250以上		
	B	37～52		350以上		
	C	58～105		400以上		
ブランケット	A	24～40	0.048以下	350以上		
	B	41～120	0.043以下	400以上		
保温筒		45～90	0.043以下	350以上		

（2）人造鉱物繊維保温材（ロックウール保温材）（JIS A 9504）

　ロックウールは，石灰，けい酸を主成分とする耐熱性の高い鉱物を溶解したものを遠心力，圧縮空気，高圧蒸気などで繊維化したものである。繊維の径は，7μm以下，密度は，1号が40～100kg/m^3

＊　ブランケット：岩綿，鉱さい綿，ガラス綿などの繊維を結合材を用いて成形し，毛布状にしたものをいう。

である。使用目的によって板，筒，フェルト*，帯，ブランケット状に成形製品化してある。耐熱性はグラスウールより優れており，使用温度は400～650℃である。表2-22にロックウール保温材の種類と特性を示す。

表2-22　ロックウール保温材の種類と特性（JIS A 9504: 2017）

種類			密度範囲 kg/m³	熱伝導率 W/(m・K)（平均温度70℃）	熱間収縮温度 ℃	繊維の平均太さ μm	粒子の含有率 %
ウール			—	0.044以下	650以上	7以下	4以下
保温板		1号	40～100	0.044以下	600以上		
		2号	101～160	0.043以下			
		3号	161～300	0.044以下			
フェルト			20～70	0.049以下	400以上		—
保温帯		1号	40～100	0.052以下	600以上		
		2号	101～160	0.049以下			
ブランケット		1号	40～100	0.044以下			
		2号	101～160	0.043以下			
保温筒			40～200	0.044以下			

（3）無機多孔質保温材（けい酸カルシウム保温材）（JIS A 9510）

けい酸カルシウム保温材は，けい酸質粉末，石灰などを均一に配合し，蒸熱反応によって板状又は半円筒状に成形する。けい酸カルシウム保温材は，耐熱性が優れており，施工性，経済性もよいことから1号で1000℃，2号で650℃までの保温に広く使われ，地域暖房の高温水配管などに多く用いられる。

（4）無機多孔質保温材（はっ水性パーライト保温材）（JIS A 9510）

はっ水性パーライト保温材は，パーライトに接着剤と無機質繊維及びはっ水剤を均一に混合し，プレス成形したものである。パーライトは，天然ガラスの一種の真珠岩，黒曜石，松脂岩などを微粒に砕き900～1200℃で加熱膨張させて軽量で多孔質な粒状物としたもので，使用温度は650～900℃である。

（5）発泡プラスチック保温材（ビーズ法ポリスチレンフォーム保温材）（JIS A 9511）

ビーズ法ポリスチレンフォーム保温材は，ポリスチレン又はその共重合体の発泡性ビーズを型内発泡成形したものと発泡成形したブロックから切り出した板状，筒状の保温材である。この保温材は，熱に弱いので防露，保冷用として使われ，使用温度は70～80℃である。

（6）発泡プラスチック保温材（硬質ウレタンフォーム保温材）（JIS A 9511）

ポリオール，ポリイソシアネート及び発泡剤を主剤として，発泡成形したもの，又は発泡成形したブロックから切り出した板状，筒状の保温材である。この保温材は優れた保温・保冷効果をもち，施工現場で注入や吹付けにより任意の形状に発泡できる利点がある。使用温度は100℃である。

＊　フェルト：ぼろ布，くず紙などの繊維を原料としてつくったものをいう。

- 表2-23に保温材の使用温度の最高を示す。

表2-23 保温材の使用温度の最高（℃）

種類			使用温度の最高[℃]	種類		使用温度の最高[℃]
グラスウール	保温板	2号 24K	250	けい酸カルシウム保温板・筒	1号	1000
	ブランケット	2号 a	350	〃	2号	650
	保温帯	2号 a	300	はっ水性パーライト保温板・筒	3号	900
	保温筒		350	〃	4号	650
ロックウール	保温板	1号	600	ビーズ法ポリスチレンフォーム保温板	1号	80
	ブランケット	1号	600	〃 保温筒	1号	70
	保温帯	1号	600	硬質ウレタンフォーム保温板	1種1号	100
	保温筒		600	〃 保温筒	1号	100

1.2 外装・補助剤

(1) 外装材

a. 綿布

織布重量1m²当たり115g以上とし，管などに使用する場合は，適当な幅に裁断し，テープ状にし，ほつれ止めを施したものである。

b. ガラスクロス

ほつれ止めを施した無アルカリ平織ガラスクロスとし，スパイラルダクト*などに使用する場合は，適当な幅に裁断したテープ状のものを使用する。

c. ビニルテープ

防食用ポリ塩化ビニル粘着テープに準ずる厚さ0.2mmの不粘着性の半艶品である。

d. アルミガラスクロス

厚さ0.02mmアルミニウム箔に，アクリル系接着剤で接着させたものとし，管などに使用する場合は，適当な幅に裁断し，テープ状にしたものを使用する。

e. 防水麻布

ヘッシャンクロスの片面にブロンアスファルトを塗布したもので，管などに使用する場合は適当な幅に裁断し，テープ状にしたものを使用する。

f. 亜鉛鉄板

亜鉛めっきの付着量は180g/m²以上とし，板厚は保温外径250mm以下の管，弁などに使用する場合は0.3mm，その他は0.4mmのものを使用する。

---

* スパイラルダクト：帯状の鋼板をら旋状に巻いてはぜ継ぎしたダクトをいう。

(2) 補助材

a. 原　　紙

1m²当たり370g以上の整形用原紙を使用する。

b. 鉄　　線

亜鉛めっき鉄線を使用する。

c. 鋲（びょう）

亜鉛めっき鋼板製座金に保温材の厚みに応じた長さのくぎを植えたもの。銅めっきしたスポット溶接[*1]用くぎ，銅製スポット鋲又は絶縁座金付銅製スポット鋲とし，保温材などを支持するのに十分な強度を有するものを使用する。

図2－36に屋内配管の保温を示す。

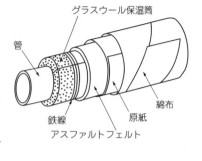

図2－36　屋内配管の保温

第2節　塗料の種類，性能及び用途

2.1　塗　　料

塗料の材料としては，アマニ油，キリ油などの乾性油又はこれらから得られるボイル油，松ヤニ，ダンマーなどの天然樹脂及び合成樹脂である。これにテレビン油，ベンゾール，アルコール，エステルなどを加えて溶かし，さらに顔料[*2]を加えて色を付けたものを不透明塗料として使い，顔料を加えないものを透明塗料として使用する。原料と溶剤を含めたものを展色剤[*3]という。

2.2　塗料の種類

(1) 油脂性調合ペイント

油脂性調合ペイントは，顔料と乾性油を混和させつくった塗料である。

油脂性調合ペイントは，そのまま直ちに塗装できるように，粘度を調整したペイントである。耐水性に富み，溶剤に溶けにくいので，建築物，機械装置，配管などの外部塗装に適している。ただし，耐熱性を必要とする蒸気管や放熱器などの塗装には使用できない。

(2) 油性エナメル

油性ワニスに顔料を混和し，塗膜に隠ぺい力と着色力を与えた塗料である。

[*1]　**スポット溶接**：点溶接ともいう。2枚の板を電極棒で挟み，電流を流して加圧しながら接合する溶接をいう。
[*2]　**顔料**：一般に水に溶けない色のある粉末で，塗料に用い，物体の表面を着色するときに用いる。
[*3]　**展色剤**：ビヒクルともいう。塗料などの成分の基材となるものをいう。油性ペイントの油，合成樹脂ペイントのワニスなど。

塗膜は光沢がよく，油脂性ペイントに比べ，速乾性はあるが，防露，耐久力が弱いので家具などの塗装に用いられる。

(3) アルミニウム塗料

アルミニウム塗料は，銀粉とも呼ばれ，アルミニウムの金属はくを粉末にし，この顔料を油性ワニスに混合して使用する。

この塗料は，銀白色の金属光沢をした塗膜をつくり，水分や湿気を通しにくく耐熱性に優れている。

(4) ワニス[*1]

樹脂性（揮発性）ワニスと油性ワニスがある。塗膜は半透明で，素地がよく見える。

樹脂性ワニスは，樹脂類を溶剤で溶かしたもので，速乾性である。乾燥塗膜は，樹脂だけが残り透明であるが，耐熱性が劣る。油性ワニスは，樹脂をアマニ油などの乾性油と高温処理し，乾燥剤を添加し，テレビン油などで薄めて，ろ過したものである。

(5) 水性塗料[*2]

エマルション塗料ともいわれ，カゼイン，にかわなどの粘着剤を加えた水で粉末状の顔料を溶いたペイントである。耐水性はない。また，配管では，保温材を巻いた綿布巻き仕上げの塗装の目止めに使用される。

(6) さび止め塗料

さび止め塗料は，金属の保護を目的とした下塗り塗料で，一時的な防せいと美観の不必要な場合を除いて，上塗り用塗料を塗り重ねなければならない。防せい効果は下塗りだけでは得られない。

a．一般用さび止めペイント

さび止めペイントで，酸化鉄顔料（べんがら）や少量の各種さび止め顔料を含み，乾性油（ボイル油）をビヒクル（展色剤）とする1種と，合成樹脂ワニスをビヒクルとする2種がある。

他の鉛系さび止めペイントに比べて防せい効果は劣る。色調は赤さび色で，主な用途は屋内の鉄部である。

b．鉛丹さび止めペイント

鉛丹[*3]をさび止め顔料として含み乾性油（ボイル油）をビヒクルとする1種と，合成樹脂ワニスをビヒクルとする2種がある。

気体や水分の透過性が小さく，緻密で耐水性に優れた強固な硬化塗膜を形成する。色調は赤橙色で，主な用途は屋外の鉄部である。

c．鉛酸カルシウムさび止めペイント

鉛酸カルシウムをさび止め顔料として含み合成樹脂ワニスをビヒクルとするさび止めペイントである。

---

*1　ワニス：樹脂類を溶剤で薄めた塗料である。単にニスともいう。
*2　水性塗料：カゼインなどの膠着剤に顔料を混合した水に溶けやすく，水で薄めて用いる塗料。
*3　鉛丹：一酸化鉛を焼いた赤色顔料。

気体や水分の透過性が小さく，緻密で耐水性に優れた硬化塗膜を形成する。亜鉛との付着性が良好である。色調は白色から淡黄色で，主な用途は屋外の亜鉛めっき面である。

第3節　コンクリートの種類，性質及び用途

3．1　コンクリートの定義

コンクリートとは，セメント，水，細骨材（砂），粗骨材[*1]（砂利）及び必要に応じて加える混和材料を構成材料とし，これらを練り混ぜその他の方法によって一体化したものをいう。

3．2　呼称と定義

コンクリートは，使用材料，用途，施工法，施工条件などに応じて様々な呼び名がある。呼称と定義の主なものを以下に示す。

(1) 使用材料
　① モルタル：コンクリートの構成材料のうち，粗骨材を欠くもの。
　② セメントペースト：モルタルの構成材料のうち，細骨材を欠くもの。
　③ 軽量骨材コンクリート：骨材の全部又は一部に軽量骨材[*2]を用いてつくったコンクリート

(2) 補強の有無・方法
　① 鉄筋コンクリート：鉄筋で補強されたコンクリートで，外力に対して鉄筋とコンクリートとが一体となって働くもの。
　② 無筋コンクリート：鋼材で補強しないコンクリート。
　③ プレストレストコンクリート：緊張材として使用される鋼材によってプレストレス[*3]が与えられている一種の鉄筋コンクリート。

(3) コンクリートの品質
　① AEコンクリート：エントレインドエア（AE剤，減水剤などの表面活性作用によってコンクリート中に生じる微小な独立した気泡で連行空気ともいう）を含んでいるコンクリート。
　② 水密コンクリート：透水性の小さいコンクリート。
　③ 水中不分離性コンクリート：水中不分離性混和剤を混和することにより，材料分離抵抗性を高めた水中コンクリート。

＊1　粗骨材：5 mmふるいにとどまる骨材。実用上，5 mmふるいに質量で85％以上とどまるものをいう。
＊2　軽量骨材：絶乾比重が2.0以下のコンクリート用骨材をいう。すなわち比重の小さいコンクリートをいう。
＊3　プレストレス：例えば引張応力の生じる部分にあらかじめ圧縮力を与えておくように，荷重などの外力による応力の一部を打ち消すため，あらかじめ計画的にコンクリート部材に導入された応力をいう。

(4) 練混ぜ・打込み場所
① レディーミクストコンクリート：整備されたコンクリート製造設備をもつ工場から随時に購入することができるフレッシュコンクリート。
② プレキャストコンクリート：工場又は現場の製造設備により，あらかじめ製造されたコンクリート製品又は部材。

(5) 施工方法
① プレパックドコンクリート：あらかじめ施工箇所に特定の粒度をもつ粗骨材を詰め，その間げきに注入モルタルを充てんして得られるコンクリート。
② 吹付けコンクリート：モルタルやコンクリートを圧縮空気によって送り，メタルラス類を張った面やラスシート面などに吹き付けて形成させたコンクリート。

(6) 施工時期
① 寒中コンクリート：日平均気温が4℃以下となる気象条件のもとに，コンクリートが凍結しないように注意して施工しなければならないコンクリート。
② 暑中コンクリート：日平均気温が25℃を超える時期に，高温による悪影響が生じないように注意して施工しなければならないコンクリート。

3.3 コンクリートの特徴

コンクリートの長所及び短所は次のとおりである。

(1) 長　　所
① 任意の形状に，また任意の場所に施工できる。
② 任意の強度のものが容易に得られる。
③ 耐久性，火災に対する抵抗力などが大きい。
④ 施工が比較的簡単で，施工後は維持費をほとんど必要としない。
⑤ 材料の入手が比較的容易である。

(2) 短　　所
① 重量が大きい。
② 引張強度が小さく，部材や構造物にひび割れを生じやすい。
③ 打込み時間（取扱い時間）に制限がある。
④ ある強度に達するまでに時間がかかる。
⑤ 改造や取除きなどの場合，破壊することが容易ではない。

3.4 レディーミクストコンクリート

レディーミクストコンクリートは，前述のとおりコンクリート製造工場で製造され，また固まらない状態で施工場所に運搬されるコンクリートのことで，一般に生コンと呼ばれている。

(1) 種類，記号及び呼び方

a．種類

レディーミクストコンクリートの種類は，普通コンクリート，軽量コンクリート及び舗装コンクリートに区分し，粗骨材の最大寸法，スランプ[*1]及び呼び強度[*2]は表2-24に示す〇印とする。

表2-24 レディーミクストコンクリートの種類

コンクリートの種類	粗骨材の最大寸法 [mm]	スランプ又はスランプフロー* [cm]	呼び強度													
			18	21	24	27	30	33	36	40	42	45	50	55	60	曲げ4.5
普通コンクリート	20, 25	8, 12, 15, 18	〇	〇	〇	〇	〇	〇	〇	〇	〇	〇	—	—	—	—
			〇	〇	〇	〇	〇	〇	〇	〇	〇	〇	—	—	—	—
		21	—	〇	〇	〇	〇	〇	〇	〇	〇	〇	—	—	—	—
	40	5, 8, 10, 12, 15	〇	〇	〇	〇	〇	〇	—	—	—	—	—	—	—	—
軽量コンクリート	15	8, 10, 12, 15, 18, 21	〇	〇	〇	〇	〇	〇	—	—	—	—	—	—	—	—
舗装コンクリート	20, 25, 40	2.5, 6.5	—	—	—	—	—	—	—	—	—	—	—	—	—	〇
高強度コンクリート	20, 25	10, 15, 18	—	—	—	—	—	—	—	—	—	〇	—	—	—	—
		50, 60	—	—	—	—	—	—	—	—	—	—	〇	〇	〇	—

* 荷卸し地点での値であり，50cm及び60cmはスランプフローの値である。

b．コンクリートの種類による記号

コンクリートの種類による記号を表2-25に示す。

表2-25 コンクリートの種類による記号

コンクリートの種類	粗骨材	細骨材	記号
普通コンクリート	砕石，各種スラグ粗骨材，再生粗骨材H，砂利	砕砂，各種スラグ細骨材，再生細骨材H，砂	普通
軽量コンクリート	人工軽量粗骨材	砕砂，高炉スラグ細骨材，砂	軽量1種
		人工軽量細骨材，人工軽量細骨材に一部砕砂，高炉スラグ砂混入したもの	軽量2種
舗装コンクリート	砕石，各種スラグ粗骨材，再生粗骨材H，砂利	砕砂，各種スラグ細骨材，再生細骨材H，再生細骨材H，砂	舗装
高強度コンクリート	砕石，砂利	砕砂，各種スラグ細骨材，砂	高強度

*1 **スランプ**：コンクリート施工軟度を示す言葉で，この値が大きいほど軟らかいコンクリートである。
*2 **呼び強度**：レディーミクストコンクリートの強度区分を示す呼称である。すなわち，生コン工場へ注文するコンクリート強度をいう。

c．製品の呼び方

レディーミクストコンクリートの呼び方は，コンクリートの種類による記号，呼び強度，スランプ，粗骨材の最大寸法による記号及びセメントの種類による記号による。

【練習問題】

次の文章の中で，正しいものには〇印を，誤っているものには×印をつけなさい。

（1） グラスウール保温板で24Kとは，密度24kg/m³を表す。
（2） ロックウール保温材は，ガラスを溶融し，これを繊維化したものである。
（3） けい酸カルシウム保温材の特徴は，耐熱性が優れ，施工性，経済性もよい。
（4） ビーズ法ポリスチレンフォーム保温材の使用温度は250～400℃である。
（5） 硬質ウレタンフォーム保温材は，施工現場で注入や吹付けにより任意の形状に発泡できる。
（6） 油脂性調合ペイントは，機械装置や配管などの外部塗装に適している。
（7） 油性エナメルは，油脂性ペイントに比べ，防露，耐久力は強いが，速乾性は弱い。
（8） ワニスの塗膜は，半透明で素地がよく見える。
（9） 水密コンクリートとは，透水性の大きいコンクリートをいう。
（10） プレキャストコンクリートとは，コンクリート製造工場から随時に購入することができるフレッシュコンクリートをいう。

第3編　施工法一般

建築設備の施工は配管作業が多く，管を切断，加工，接合して埋設したり，建物に支持して配管してから，配管後の機能試験，保温，塗装などの作業を行う。

第1章　管の接合

ここでは，各種の管（鋼管，ライニング鋼管，銅管，硬質塩化ビニル管，ポリエチレン管，鉛管，ステンレス鋼管，鋳鉄管）の切断と接合並びに異種管の接合について述べる。

第1節　鋼管の接合

1．1　鋼管の切断

鋼管の切断には次の3種類がある。
① 手工具による方法
② 電動工具による方法
③ ガス切断機による方法

（1）手工具による方法

切断のための手工具には主に次の2種類がある。
① 金切りのこ
② パイプカッタ

a．金切りのこ

のこ刃の歯数は，1インチ（25.4mm）間にある歯の数で表し，その長さは，取付け穴の中心間距離で表す。一般に，鋼管の切断には，長さ250mm，歯数18山／インチ又は24山／インチのものが使用される。図3－1に金切りのこを示す。

76　第3編　施工法一般

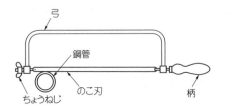

図3-1　金切りのこ

b．パイプカッタ

　パイプカッタによる切断は，刃の間に管を管軸に直角に挟み，調整ねじのハンドルを締め付けながら管の周囲を回して切断する。

　パイプカッタによる切断は，金切りのこより速く切断できるが，切り口は管内にまくれ*が残るので，必ずリーマなどで取り除く必要がある。図3-2にパイプカッタを示す。

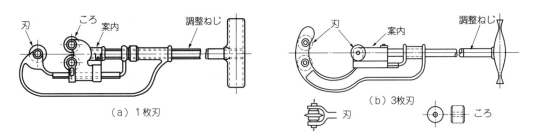

図3-2　パイプカッタ

（2）電動工具による方法

　鋼管切断用電動工具として一般に用いられているものには次の2種類がある。

　これらは鋼管の切断用のみでなく，他の管材や鋼材の切断用にも使用される。

　①　帯のこ盤（バンドソー）

　②　といし切断機

a．帯のこ盤

比較的軽量なので移動可能式のものが多い。

電動スイッチは，切断完了と同時に自動的に切れるものが多い。

図3-3に帯のこ盤を示す。

＊　まくれ：パイプカッタで管を切断したときにできる管の内外面の突起部をいう。また，ばり，かえりともいう。

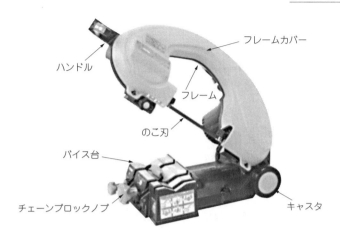

図3-3 帯のこ盤

b．といし切断機

といし切断機は図3-4に示すようなもので管，形鋼などの切断に用いられる。

厚さ3mm程度の薄い円盤状の研削といしを高速回転させて切断を行う。

この切断機による切断の際は，切断部が高温になるのでライニング鋼管などの切断に用いてはならない。また，まくれも取り除く必要がある。

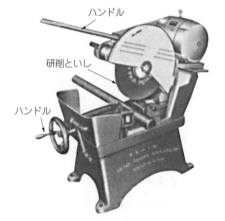

図3-4 といし切断機

（3）ガス切断機による方法

ガス切断機は酸素とアセチレンを使用して切断するもので，自動式と手動式がある。

この方法は前述の手工具や電動工具による方法に比べて切り口がきれいに切断できないので，一般に，既設の配管の切断などに用いられる。

図3-5に自動ガス切断機を示す。

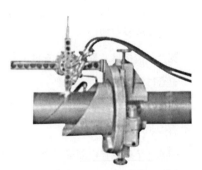

図3-5 自動ガス切断機（斜め切断）

1.2 鋼管の接合

鋼管の接合には次の4種類がある。

① ねじ接合

② 溶接接合

③ フランジ接合

④ メカニカル接合

(1) ねじ接合

管端にテーパねじ（JIS B 0203）のおねじを切り，継手のめねじと接合する方法である。管用テーパねじには，テーパねじと平行ねじが規格されているが，特殊な場合を除き一般にはテーパねじを使用する。また，呼び径80A以下の鋼管に使用されている。ねじ切りの機械には手動によるものと電動によるものとがある（「1.3 ねじ切り機の種類」参照）。図3－6にねじ接合を示す。

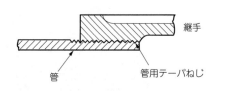

（a）ねじ込み式管継手による場合　　（b）ねじ込み式排水管継手による場合

図3－6　ねじ接合

(2) 溶接接合

溶接接合には次の3種類がある。

① 突合せ溶接

② 差込み溶接

③ フランジ溶接

突合せ溶接は，管の先端を開先*2加工して行う。差込み溶接はソケットを，フランジ接合はフランジを管に溶接して行う。

溶接方法には，アーク溶接とガス溶接とがあり，一般に呼び径50A以下はガス溶接，80A以上はアーク溶接が用いられる。

図3－7に鋼管の溶接接合の例を示す。

---

*1　リセス：引き込んだ部分（凹の箇所）
*2　開先：溶接する母材のふちを，溶接しやすいように加工することをいい，板厚によってI形，V形，X形などがある。

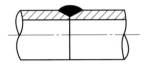 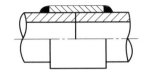 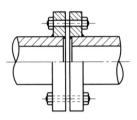

　（a）突合せ溶接接合　　　　（b）差込み溶接接合　　　（c）フランジ溶接接合

図3－7　鋼管の溶接接合

（3）フランジ接合

フランジ接合には次の2種類がある。

① ねじ込み式（図3－8(a)）
② 差込み溶接式（図(b)）

配管系のねじ接合の場合には，可鍛鋳鉄[*1]製又は鋳鉄製のフランジを使用する。また，配管系の溶接接合の場合には，差込み溶接式フランジを使用する。

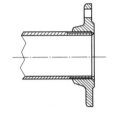 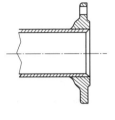

　　　　　　（a）ねじ込み式　　　　（b）差込み溶接式

図3－8　フランジ接合

フランジ接合に用いるガスケットは，給水用にはゴム製ガスケットを，給湯・冷温水用には合成樹脂ガスケットなどを用いる。

（4）メカニカル接合

代表的なものとして，ドレッサ形とハウジング形がある。

ドレッサ形は，管へのねじ切り・溶接などの加工は不要でパッキンを押し輪で押し込むことにより流体を密封する。ハウジング形は，接合する管の両端にガスケットをはめ，その上からハウジング[*2]をかぶせ，ボルト・ナットで締め付ける方法でグルーブ形，リング形，ショルダ形などがある。

排水管用のメカニカル継手として，MD継手[*3]がある。

図3－9に各種のメカニカル接合を示す。

---

*1　可鍛鋳鉄：高温焼なましにより，硬度と粘りを合わせもった鋳鉄をいう。
*2　ハウジング：軸継手部分を覆ったり，保護したりする目的の囲い部分の総称をいう。
*3　MD継手：メカニカル排水継手をいう。

80　第3編　施工法一般

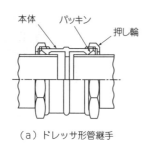

（a）ドレッサ形管継手

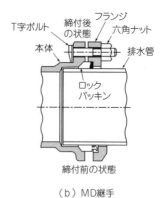

（b）MD継手

図3-9　メカニカル接合

1.3　ねじ切り機の種類

(1) 手動ねじ切り機の種類と構造

　手動のものには，オスター形，リード形がある。

　オスター形には，本体とハンドルが固定された固定式のものと，ラチェット*式のものがあり，いずれも切削刃が4枚あってねじを切る。

　リード式はハンドル・ラチェットになっているが，切削刃の固定方法がオスター形と異なる。切削刃は2枚で，1枚に2箇所の刃が付いている。

　これらの手動ねじ切り作業は，呼び径が25A以下は1人，50A以下は2人，100A以下は3人で行う。図3-10に手動ねじ切り機を示す。

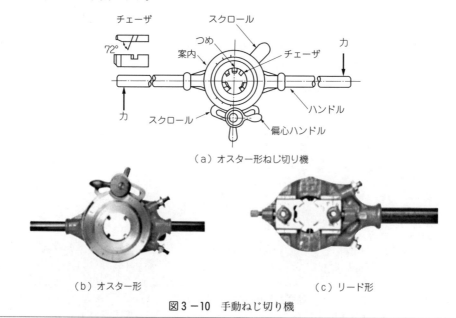

（a）オスター形ねじ切り機

（b）オスター形　　　　　　　　　（c）リード形

図3-10　手動ねじ切り機

＊　ラチェット：車に特別な形の歯をもち，これに爪をかけて軸の逆転を防いだりする車。

(2) 電動ねじ切りの種類と構造

　移動式電動ねじ切り機には，ダイヘッド[*1]を利用したものやチェーザ[*2]によるものなどがある。管の切断，ねじ切り，面取り[*3]，切削中の自動注油，切りくずの処理方法などが効率よく行うことができ，現場における利用度は非常に高い。また，これらにアタッチメント（付属品）を取り付けることによって，短管やニップル[*4]をつくることも可能である。

a．チェーザ式ねじ切り機

　図3－11は管径15A～50A用のもので，軽量，持ち運びが簡単，電源が単相100Vで，どこでも使用できるので多く用いられているねじ切り機である。カッタとリーマが付いていて，切断や面取り作業もできるようになっているので，パイプマシンとも呼ばれている。

　チャックに管をつかんで回転させて，ダイヘッドにチェーザ4枚をセットした往復台を送りハンドルで管端を押し付けて食い込ませると，自動送りされてねじが切れる。手動切り上げの場合は，ねじが規定の寸法まで切れたら送りハンドルを徐々に持ち上げてねじを

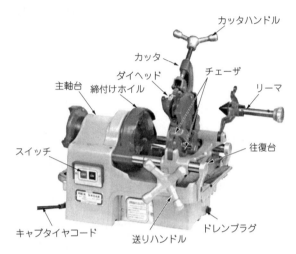

図3－11　チェーザ式ねじ切り機

切り上げるが，自動切り上げの場合は，ねじが規定の長さになれば自動的にねじが切れる。

　また，切削油は，スイッチを入れるとダイヘッドから自動的に注油される。

b．ねじ転造機

　図3－12に示すように，5～9の転造ローラを利用して，管の端から徐々に回転させながら送り込んでいくと加工精度が高く，ばらつきがなく，高品質のねじを成形する機械である。ねじ部強度は母材と同等であるので，高圧配管用鋼管の接合に適している。

＊1　ダイヘッド：ねじ切り作業用の自動開閉式ダイスをいう。
＊2　チェーザ：ダイスの刃を1刃ごとに分け離したもので，おねじを切る工具。
＊3　面取り：工作物の角を削り落とすこと。
＊4　ニップル：管の両端におねじが切られている短い管状の継手で，一方に右ねじ，他方に左ねじが切ってある。

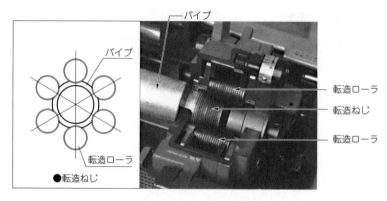

図3-12 ねじ転造機

1.4 ねじ接合

(1) ねじ込み長さ

ねじは長すぎないよう適切な長さに加工する。ねじ加工後，ねじ径はテーパねじ用リングゲージで，管端がゲージの許容範囲内にあることを確認する。表3-1におねじ長さの判定基準を，図3-13にねじゲージ*を示す。

表3-1 おねじ長さの判定基準

管径（A）	15	20	25	32	40	50	65	80	100	125	150
L （mm）	14.00	15.49	18.00	20.30	20.30	24.58	27.82	31.00	36.96	41.96	41.96

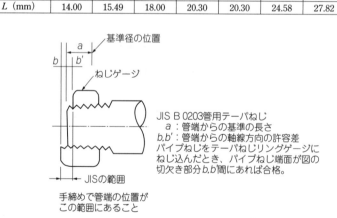

図3-13 ねじゲージ

(2) 管長割出し法

ねじ込み接合する場合，配管延長の長さに対して，管の切断長さは図3-14に示すように，継手の心間隔から両端のZ寸法を差し引いた長さに管を切断するのが一般的である。

表3-2に鋼管のねじ接合の場合のZ寸法を示す。

---

* ねじゲージ：ねじのねじ山やピッチなどの寸法測定に使用されるゲージで，寸法精度が確保されているかどうか判断するためのもの。

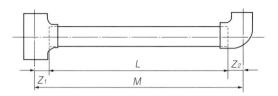

図3-14 寸法取り説明図

$L = M - (Z_1 + Z_2)$

ここに，L：ねじを含む管の長さ

M：中心間寸法

Z_1, Z_2：継手中心から管端までの寸法

表3-2 主なねじ込み継手のZ寸法（等径品）

(単位：mm)

呼び(A)	エルボ	T	45°エルボ	ソケット	ユニオン	めすおすエルボ Z	めすおすエルボ B	ブッシング
15	16	16	10	13	20	16	40	12
20	20	20	13	16	26	20	47	13
25	24	24	15	17	27	24	54	15
32	30	30	18	18	29	30	62	16
40	32	32	21	23	35	32	68	16
50	36	36	21	18	33	36	79	20
65	46	46	26	24	40	46	92	18
80	51	51	27	21	41	51	104	21
100	65	65	33	21	53	65	126	24
125	76	76	37	21	57	76	148	25
150	95	95	45	31	70	95	170	27

注：ブッシングは1段落のみを記載

(3) ねじ接合用工具類

ねじ接合用工具類を取り扱うときは，使用管径に合った大きさのものを使用する。使用管径に合ったものを使用しないと，作業中，思わぬ事故を起こすことがある。

a. パイプ万力

パイプ万力は管の切断や接合をするとき，管を固定するもので，脚なしのものと，脚つきのものがある。図3-15に脚なしの鋼管用パイプ万力を示す。

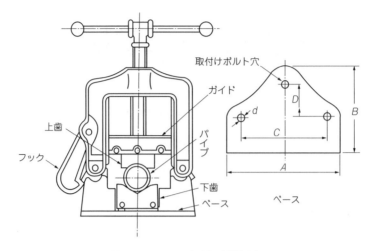

図3−15 パイプ万力（鋼管用）

b．パイプレンチ

パイプ丸棒を強力に回すもので，小口径用から大口径用まで各寸法のものがある。

パイプ万力と同様に，鋼管用と樹脂被覆鋼管に傷跡が付かない外面被覆鋼管用がある。

図3−16にパイプレンチ（鋼管用）を示す。

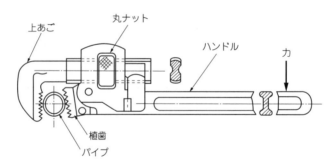

図3−16 パイプレンチ（鋼管用）

（4）ねじ接合

切削油やほこりを除去して，ねじ山にシールテープ又は液状ガスケットを塗布する。

ねじ込みは，手締めで止まった位置から，パイプレンチを用いて所定の山数だけねじ込む。あまり締めすぎると，パイプに変形が生じてシール性がなくなったり，継手が割れたりするので注意すること。表3−3に標準締付けトルク*を示す。

表3−3　標準締付けトルク

呼び径（A）	15	20	25	32	40	50	65	80	100	125	150
トルク（N・m）	40	60	100	120	150	200	250	300	400	500	600

＊　トルク：回転軸の周方向に作用した回転力を指す。

第2節　ライニング鋼管の接合

2．1　ライニング鋼管の切断

　内面ライニング鋼管及び内外面ライニング鋼管の切断には，発熱を伴うような切断方法は避ける。
　ライニング鋼管に局部的な発熱を生じさせると，その部分のライニング部が変質したり，はく離したりする。そのため，ライニング鋼管の切断には，電動帯のこ盤を用いるのがよい。
　発熱を伴う機種で切断するときは，必ず冷却水を用いて切断し，切断後はリーマをかけ，最後に管内面を調べ，ライニング部に損傷がないかを確認する。

2．2　ライニング鋼管のねじ接合

　ライニング鋼管（塩化ビニルライニング鋼管，耐熱性ライニング鋼管，ポリ粉体ライニング鋼管など）にねじを切る場合は，電動ねじ切り機のチャックのつめが均一に当たるように注意する。
　ライニング鋼管のねじ切りには水溶性の切削油を使用する。その切削油には，上水道用，ステンレス鋼管用，一般配管用などがあり，それぞれの用途に応じて使い分ける。また，ねじ（表3－1参照）は，長ねじにならないように注意する。
　内外面ライニング鋼管のねじ切りの場合は，外面のライニング部を削り取る必要があるので専用のねじ切り機を用いるのがよい。
　内外面ライニング鋼管をねじ接合するときのパイプ万力及びパイプレンチ類は，外面ライニングを傷付けることの少ない専用の工具を使用する。

（1）ライニング鋼管のねじ接合における防食

　ライニング鋼管をねじ接合する場合は，管の端面の鋼管部分が管内の水などにふれると腐食が生じやすいので防食をしなければならない。

a．内面樹脂ライニング鋼管の場合

　防食方法として，管端に防食剤を塗布する方法，管端にコア*を挿入する方法，管端防食形継手を使用する方法などがある。
　また，管端防食継手には，コア挿入形，コア内蔵形，コア組込み形などがある。
　図3－17に内面樹脂ライニング鋼管の接合を示す。

---

*　コア：円柱状の中核部をいう。中子，心金ともいう。

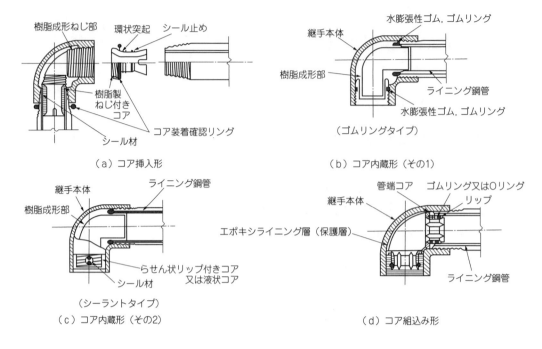

図3−17 内面樹脂ライニング鋼管の接合

b．外面樹脂ライニング鋼管の場合

外面樹脂ライニング鋼管の継手には，硬質塩化ビニルライニング鋼管専用のもの，ポリエチレン粉体ライニング鋼管専用のものなどがある。ねじ込みに当たってはいずれも防食シール剤を塗布する。図3−18に外面樹脂被覆継手を示す。

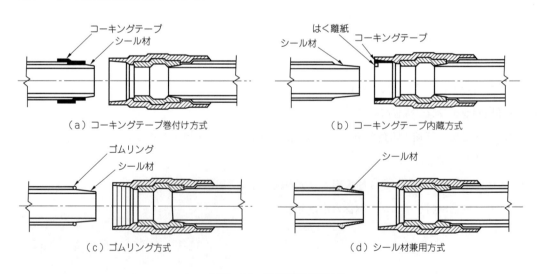

図3−18 外面樹脂被覆継手

（2）ライニング鋼管のフランジ接合

　ライニング鋼管の呼び径が80A以上の場合はフランジ接合とする。

　フランジ加工は現場でも加工できるが，工場内での加工が望ましい。

　フランジ接合には，ねじ込みフランジによる方法と溶接フランジによる接合とがあり，呼び径200A以上の管に対しては溶接フランジによる方法が用いられている。

　図3－19に塩化ビニルライニング鋼管のフランジ接合を示す。

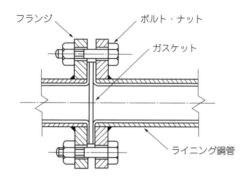

図3－19　塩化ビニルライニング鋼管のフランジ接合

第3節　銅管の接合

3．1　銅管の切断

　銅管は，細かい刃の金切りのこ，チューブカッタ（図3－20），電動のこ盤で切断を行う。一般に，口径20mm以下は，金切りのこ又はチューブカッタで，それ以上は金切りのこ及び電動のこ盤で切断する。銅管は薄肉で管自体が軟らかいので，チューブカッタで切断した場合管口が変形することが多いので，切断後は，サイジングツール（整形器）により整形を行う（図3－21）。また，金切りのこによる切断は断面にまくれが残るので，リーマ，やすりでそれを取り除かなければならない。

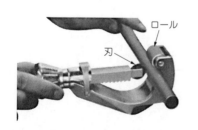

図3－20　チューブカッタによる切断

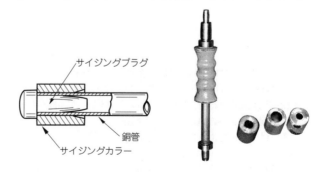

図3－21　サイジングツール

3．2 銅管の接合

銅管の接合には，差込み接合，フランジ接合及びフレア継手接合などがある。

(1) 差込み接合

差込み接合は，銅管の差込み部と継手の受口とのわずかなすき間に，ろう[*1]を毛管現象[*2]により吸い込ませて接合を行う方法である。ろう材は，一般に32A以下の管には軟ろう[*3]（すず96.5％，銀3.5％）が，40A以上の管には硬ろう[*4]（りん銅ろう，銀ろう）が用いられるが，蒸気配管や冷媒配管など温度又は圧力の高い配管には硬ろうが用いられる。

(2) フランジ接合

配管の取り外しの必要がある箇所又は，40A以上の管にはフランジ継手を用いて接合する。

銅管にフランジ継手をろう付け[*5]する場合，りん銅ろう以外のろう材を使用する場合には，挿入する銅管の外面にフラックス[*6]を塗り，継手の内部には塗ってはならない。

(3) フレア接合

配管の取り外しの必要がある箇所又は32A以下の管にはフレア接合又はユニオン接合を行う。

フレア接合は，あらかじめ袋ナットを管の端部からはめ込んでおいて，管をらっぱ状に広げてから袋ナットをねじ込んで締め付ける。ダブルナットを用いる場合は，振動によって袋ナットが緩むのを防止するためである。

図3－22に銅管の接合を示す。

---

*1 ろう：ろう付けに用いる低融点金属。
*2 毛管現象：接合部の狭いすき間に溶融ろうが吸い込まれて侵透していく現象をいう。
*3 軟ろう：融点が450℃未満の合金のろう材をいう。はんだともいう。
*4 硬ろう：融点が450℃以上のろう材をいう。
*5 ろう付け：母材より低い融点の金属（ろう材）を用い，母材を溶融せずに母材とろう材を接合することをいう。
*6 フラックス：ろう付けの際，母材及びろうの酸化物の除去，母材表面の保護などを行う化学的活性のある溶剤。

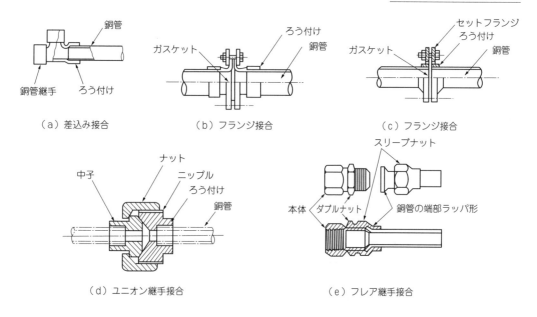

図3-22 銅管の接合

(4) ろう付けの手順

ここでは銅管，黄銅管などの接合に用いる銀ろうを用いた方法について述べる。

① 管の取り合わせをよくする。

　ろう付け箇所のすき間は0.05～0.15mm程度が最もよく，管周囲がこの状態で仕上がり，むらがなければ強度も良好であり，接合材料が経済的である。

② 接合部金属の表面を清潔にする。

　管軸に対して直角切断後，ばりを除去し，接合部の表面から油，酸化膜などの不純物を取り去って，確実なろう付けができるようにする。

③ 適合したフラックス（溶剤）を塗る。

　銀ろうに適合したフラックスを金属表面に塗るが，これは加熱による接合面の酸化を防ぎ，銀ろうを滑らかに流し込ませる役割がある。そのため，フラックスは指先などで塗らないでブラシ，筆などでろう付け面に一様に塗る。

④ 平均に加熱する。

　接合部はろう付け温度（700℃前後）に早く，かつ平均に加熱することで，銀ろうを当てるときは加熱によりフラックスが水クリーム状になったときがよい時期で，銀ろうは速やかに溶けてすき間に流れ込んでいく。

　ろうが滑らかに流れ込まないときは，その部分のろう付け温度が不十分なためで，ろう付け温度が適当だと上向きであってもしみ込んでいく。

　異種金属の接合には，金属の膨張係数の大，小に注意しなければならない。

⑤ ぬれたウエスで冷却する。

　ろう付けしたあとは，できるだけ早く，ぬれたウエス*で冷却し，接合部を固めるとともにフラックスをふき取る。

第4節　硬質ポリ塩化ビニル管の接合

4．1　硬質ポリ塩化ビニル管の切断

　硬質ポリ塩化ビニル管などの樹脂管は，塩ビ管用のこによって，管の断面が変形しないように，管軸に対して直角に切断する。といし切断機などによって切断すると管が加熱され軟化変質するので使用してはならない。なお，切断面のばりは，プラスチック管用リーマかやすり，ナイフなどによって除去する。

4．2　硬質ポリ塩化ビニル管の接合

(1) テーパスリーブ接合（TS接合）

　この接合方法には，継手の受口にテーパに付いたテーパスリーブ継手を使用する。

　給水用の場合は管端より継手受口長さℓを測り，マーク（標線）を付け，ゼロポイント（管端）が継手の受口長さの1/3～2/3の間にあることを確認する（図3－23参照）。

　次に各接着面に速乾性接着剤を均一に薄く全体に塗布する。塗布し終わったらただちに管を継手に真っすぐにゼロポイント以上強く差し込み，管の戻りを防ぐために夏期は1分間，冬期は2～3分間ぐらい力を加え保持する。

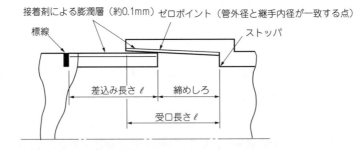

図3－23　テーパスリーブ接合（給水用）

＊　ウエス：廃物の布。機械器具の手入れ，手ふきなどに用いるぼろ布のこと。

（2）フランジ接合

配管後に機器の取り外しなどが考えられる場所は，配管も簡単に取り外せるように接合しなければならない。取外し継手の1つの方法としてフランジ接合がある。フランジ接合の1つにつば返し法がある。これは次の要領で行う。

① 管軸に対して直角に切断し，ばりを除去し，管端の面取りをする。
② つば返し用の金型をあらかじめ90℃くらいに加熱する。
③ つば返しをつくる管口を140℃くらいに加熱し，つば返し用金型にはめ込み加工に入る。
④ 金型*の押し型をハンドルで締め付ける。
⑤ 成形されたら水で急冷して金型を外す。

図3－24につば返し型はめ込みを示す。

図3－24 つば返し型はめ込み

また，図3－25(a)，(b)につば返しの作業を，図(c)に使用例を示す。

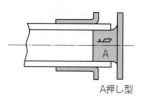
（a）つば返し器具に
　　取り付ける

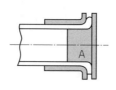
（b）おす型を押し込んで
　　つば返しを行う

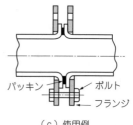
（c）使用例

図3－25 つば返し

（3）ゴム輪接合

継手接合部にあらかじめゴム輪を装着できる受口を形成し，面取り加工した管の差口とゴム輪の表面に滑剤を塗布して挿入する方法である。

接合に当たっては，管と継手の軸心を合わせ，管表面の標線まで挿入する。接合後，ゴム輪の離脱の有無を確認するため，チェックゲージで全周を確認する。

図3－26にゴム輪接合を示す。

---

* 金型：金属製の鋳物をつくるための鋳型をいう。

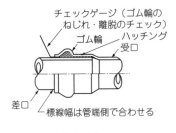
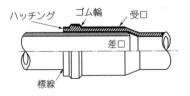

(a）給水用　　　　　　　　　　（b）排水用

図3－26　ゴム輪接合

(4) テーパコア接合

呼び径50A以上の大口径管の接合に有効な方法で，つば返し加工と同じように，あらかじめテーパフランジを差し込んでおき，管端をわずかに面取りしてから加熱する。このとき，加熱する部分の長さはコアの長さよりも少し長めにする。

次に，加熱したら接着剤を塗り，テーパコアを管内に差し込んで，両方のテーパフランジをボルトで締め付ける。

ボルトには必ずばね座金を使用する。

図3－27にテーパコア接合を示す。

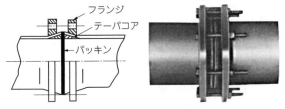

図3－27　テーパコア接合

第5節　ポリエチレン管・架橋ポリエチレン管・ポリブテン管の接合

5．1　ポリエチレン管・架橋ポリエチレン管・ポリブテン管の切断

管周囲の切断位置に標線を入れ，目の細かいのこぎり又はパイプカッタで標線に沿って切断し，ばりなどを取り除く。

5．2　ポリエチレン管・架橋ポリエチレン管・ポリブテン管の接合

(1) 金属継手による接合

最近では金属継手による方法が一般的である。金属継手には，耐圧部を中心とする主要部品が黒心可鍛鋳鉄であるA形と，青銅鋳物*であるB形とがある。

A形継手を用いる接合の場合には，管端から管内にインコアを挿入し，管をストッパに当たるまで継手を挿入した後に，パイプレンチで袋ナットを締め付ける。

B形継手を用いる接合の場合には，継手の袋ナット及びリングを管に外差しして，木ハンマなどを

＊　青銅鋳物：Cu-Sn系の銅合金でできた鋳物をいう。

用いてインコアを管端に挿入した後に,パイプレンチで袋ナットを締め付ける。

図3-28に水道用ポリエチレン管金属継手を示す。

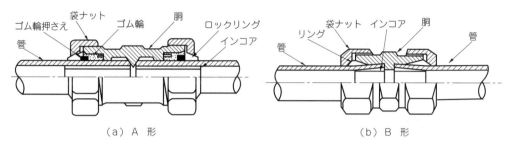

図3-28 水道用ポリエチレン管金属継手

(2) フランジ接合(テーパコア接合)

テーパコア接合は,図3-29に示すように先端を広げてテーパコアを入れて接合する方法である。

ポリエチレン管の軟化温度は120℃,溶融温度は125℃で,その間の温度差が少ないので加工には熱湯を用いる。

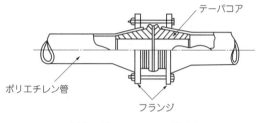

図3-29 テーパコア接合

(3) ワンタッチ継手による接合

この方式は,管を接ぎ手に差し込み,保持リング等により管を機能的に保持し,Oリング等による水密性を保持する接合方法である。

継手によって,水密性保持部位がパイプ外表面と内表面のものがある。

図3-30に,ワンタッチ継手を示す。

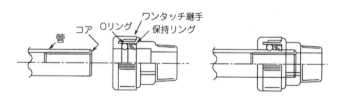

図3-30 ワンタッチ継手による接合

(4) 電気融着接合

電気融着接合は,継手受口の内側に内蔵された電熱線に電気を通すことにより,パイプ外面と継手内面の相互を溶融し融着する工法である。

図3-31に電気融着接合を示す。

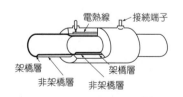

図3-31 電気融着接合

第6節　ステンレス鋼鋼管の接合

6．1　ステンレス鋼鋼管の切断

ステンレス鋼管の切断用工具には，金切りのこ，ロータリチューブカッタ，高速といし切断機などがある。

ステンレス鋼は熱伝導*が悪いので，炭素鋼用の刃を使用すると，刃先温度が摩擦熱のため高くなり，刃温度が高く刃先が焼き付きを起こしやすいため，切断刃物はステンレス鋼用のものを使用しなければならない。

切断は他の管類と同様，管軸に対し直角に切断し，ばりやまくれをよく取り去り，管内を清浄にする。特に外面のばりを除去しないと，継手のゴム輪やスリーブなどに傷を付け，接合後の漏れの原因になる。

6．2　ステンレス鋼鋼管の接合

（1）溶接接合

溶接方法には手動と自動の方法がある。建築設備配管に広く用いられる配管用ステンレス鋼鋼管の肉厚が薄いので，特に手動で行う場合は，高度の技術と熟練を必要とするので，工場などにおいて自動溶接するのがよい。

溶接には主にティグ溶接（タングステンイナートガスアーク溶接）が用いられる。

ティグ溶接の概要については，第4章第4節4.2参照のこと。

（2）ハウジングジョイント接合

一般にビクトリックジョイント接合といわれる方法である。

接合する管の両端にガスケットをはめ，その上からハウジングをかぶせ，ボルト・ナットで締め付けて流体を密封する。種類にはショルダ形，グルーブ形及びリング形の3種類がある。

図3－32にハウジングジョイント接合を示す。

---

*　熱伝導：個体中の熱が高温部から低温部に移動することをいう。

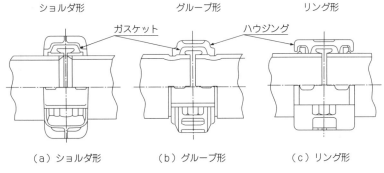

図3−32　ハウジングジョイント接合

(3) フランジ接合

呼び径80A以上のステンレス鋼鋼管の管端にSUS304[*1]又はSUS316製のスタブエンド[*2]を溶接接合して，鋼製のルーズフランジで締め付ける方法である。ガスケットはテフロン製，プロピレンゴムなどの耐熱ゴム製などを用いる。

図3−33にフランジ接合を示す。

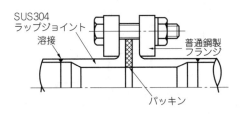

図3−33　フランジ接合

(4) 圧縮式接合

圧縮式接合は圧縮式継手（図3−34）を使用し，スパナ2本で接合できるという簡便性があり，火気を使用せずに接合できる。

所定の長さに切断した管のばりやまくれを取り，継手のナット，スリーブを組み立て，管を継手の中のストッパに突き当たるまで差し込み，手でナットが動かなくなるまで締め付ける。ナットと継手本体及び継手端部の位置を管にそれぞれ合いマーク（印）を付け（図3−34(b)確認印A及びB），モンキーレンチ又はスパナで1〜1 1/6回転させ締め付ける。

図3−34に圧縮式接合を示す。

---

*1　SUS304：ステンレス鋼鋼管の種類の記号で，SUS316もある。
*2　スタブエンド：管にフランジを直接溶接することが難しい（管の肉厚が薄い）場合に，端部につばをもち，フランジと組み合わせて用いる管継手をいう。

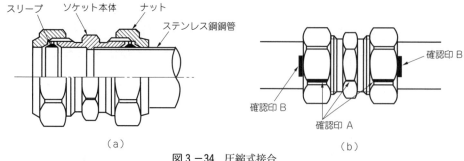

図3-34 圧縮式接合

（5）伸縮可とう式接合

伸縮可とう式接合は，主に水道用及び土中埋設配管に適用される取り外しが可能な接合方式である。

管に溝を付け，その溝にくい込み輪を装てんして袋ナットを締め付ける。管の変位やたわみを吸収できる。

図3-35に伸縮可とう式接合を示す。

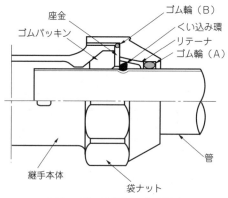

図3-35 伸縮可とう式接合

（6）はんだ付け式接合

はんだ付け式接合は，管の接合部にフラックスを塗って継手の受口に差し込み，バーナー又は電気ヒータによってはんだを差込み部に吸い込ませる方法である。

フラックスはりん酸系のものを使用する。

ステンレス鋼鋼管の熱伝導率は鋼管の約1/4，銅管の約1/2の1.63kW/m・kであるから，局部的な加熱は避け，接合部全体を加熱する必要がある。

図3-36にはんだ付け式接合を示す。

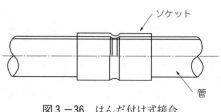

図3-36 はんだ付け式接合

（7）グリップ接合

　グリップ接合は，ゴム輪，バックアップリング及びくい込み輪が装てんされている継手の受口へ管を差し込み，専用のグリップ工具で接合部を締め付けることにより，くい込み輪を管にくい込ませて抜け防止するとともに，ゴム輪を圧縮して水密性を保たせ，継手と管を接合する方法である。

　図3－37にグリップ接合を示す。

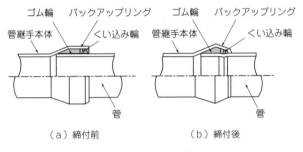

図3－37　グリップ接合

（8）スナップリング接合

　スナップリング接合は，あらかじめ管に専用工具で溝を付け，その溝にスナップリングを装着して管の抜けを防止し，袋ナットを締め付けることにより受口部のゴムパッキンで圧力流体を密封し，管継手と管を接合させる方法である。

　図3－38にスナップリング接合を示す。

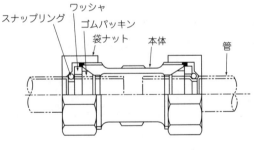

図3－38　スナップリング接合

（9）拡管接合

　拡管接合は，あらかじめ管の端部を専用の拡管機で拡管し，その部分に袋ナットを引掛け，ゴムパッキンが装着されている継手本体に挿入して，袋ナットを締め付けることにより管と継手を接合する方法である。

　図3－39に拡管接合を示す。

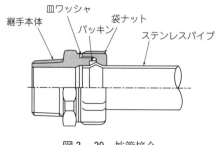

図3-39 拡管接合

(10) プレス式接合法

プレス式接合はプレス式継手を用い，専用締付け工具で締め付ける接合である。

継手の端部に特殊合成ゴム輪を装入し，継手に管を差し込み，専用締付け工具の先端の締め口を管径に合わせ装てんし，プレス*する。

接合部はだ円と六角の二段締めに管径が縮小されて水密性を保つ。

この方法は差込み量を正確に確認して実施しないと，漏水の原因となる。

これを防止するためのセンサ付き（差込み量が確認できる）の締付け工具もある。

第7節　鋳鉄管の接合

7．1　鋳鉄管の切断

鋳鉄管には給水用鋳鉄管と排水用鋳鉄管とがある。鋳鉄管の切断は，電動のこ盤又は鋳鉄管専用カッタで切断する。やむを得ずたがねで切断する場合には，切断部の破片が飛ぶので，それによってけがをしないように注意する。

7．2　鋳鉄管の接合

(1) メカニカル接合

メカニカル接合は，ゴム輪を押し輪で押さえるタイプの接合で，K形，T形，U形などの水道用鋳鉄管及び排水用鋳鉄管の接合に用いられる。K形接合は次の要領で行う。

受口部の底に差口端部が接触するまで管を差し込み，あらかじめ差口近くにはめ込んだゴム輪を，受口と差口との間にねじれが生じないように挿入した後，押し輪で押さえボルト・ナットで周囲を均等に締め付けて，ゴム輪を管体に密着させる。

図3-40にメカニカル接合を示す。

＊　プレス：金属やその他の材料の一部又は全部に，永久に残る変形を与えること。

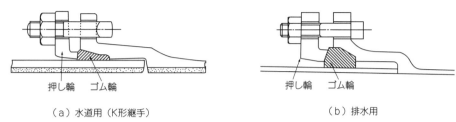

(a) 水道用（K形継手）　　　　　　　(b) 排水用

図3-40　メカニカル接合

(2) ゴム輪接合

ゴム輪接合は，T形，P形などの水道用鋳鉄管及び排水用鋳鉄管の接合に用いられる。

T形接合は次の要領で行う。

あらかじめゴム輪をゴム輪のバルブ部が奥になるように受口内面の突起部に正確にはめ込み，差口部に設けられた表示線が受口端面に位置するまで差口を差し込む。なお，管の挿入に使用する滑剤は，衛生上無害にして，水質に悪影響を与えないものとする。

排水用鋳鉄管もT形接合と同様に行うが，管の挿入時に塗布する滑剤は，排水用鋳鉄管の接合に適合したものとする。

図3-41にゴム輪接合を示す。

(a) 水道用（T形継手）　　　　　　　(b) 排水用

図3-41　ゴム輪接合

(3) フランジ形接合

フランジ形接合とは，ガスケットを挟んでフランジ面を合わせ，ボルト・ナットで締め付けて接合する方法である。

フランジ面の形式により，大平面座形[*1]と溝形[*2]がある。図3-42にフランジ形接合を示す。

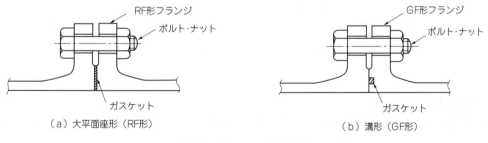

(a) 大平面座形（RF形）　　　　　　　(b) 溝形（GF形）

図3-42　フランジ形接合

---

*1　大平面座形フランジ：接合部のボルト穴の内側にほぼ接する円形の平面座を設けたフランジ。
*2　溝形フランジ：接合部の一方に設けられた溝に，他方の凸部が入るようにつくられたフランジをいう。

第8節 異種管接合

8.1 一般的な注意事項

配管過程において，材質の異なる管を接合する必要は当然起こり得ることで，継手類のメーカ，その他で種々のものが製作されている。

異種管の接合に当たっての一般的な注意事項を次に示す。

① 中間に特殊な形状，材質のガスケット，パッキンなどを使用するものが多く，指定された以外のものを使用すると，漏れなどの原因となる場合が多い。

② ボルト，袋ナットなどによる接合のものが多いので片締め，又は袋ナットなどの締付けトルクの不足による漏れ，過大な締付けによる破損などの事故発生率が高い。

③ 異種金属管を接合したとき，電食が発生する場合がある。例えば，銅と鉄が接触していれば，鉄の部分に腐食が起こるので，その接合箇所には，電気的に接触が断たれる絶縁継手が必要となる。鋼管，黄銅管，ステンレス鋼管などを接合する場合は，特に注意しなければならない。

8.2 異種管の接合

(1) 鋼管と鋳鉄管

鋼管と鋳鉄管との接合は，給水用はフランジ接合，排水用はメカニカル接合又はゴム輪接合とする。図3-43に鋼管と鋳鉄管の接合を示す。

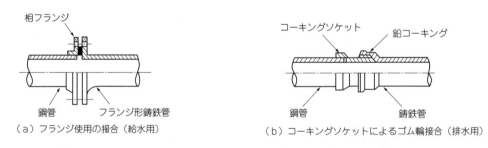

(a) フランジ使用の接合（給水用）   (b) コーキングソケットによるゴム輪接合（排水用）

図3-43 鋼管と鋳鉄管の接合

(2) 鋼管と銅管

鋼管と銅管との接合は，アダプタ，フレア形締付け継手，絶縁ユニオン又は絶縁フランジによる接合とする。図3-44に鋼管と銅管の接合を示す。

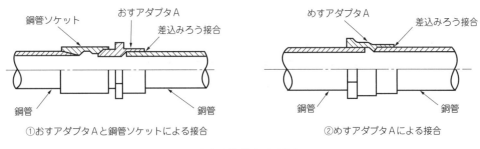

(a) アダプタによる接合

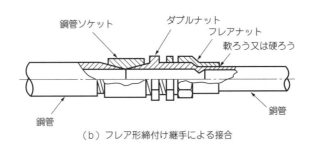

(b) フレア形締付け継手による接合

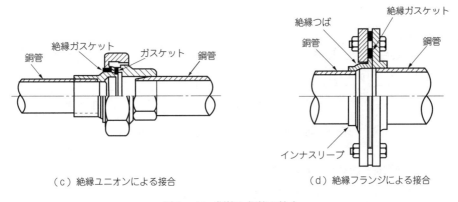

(c) 絶縁ユニオンによる接合　　　(d) 絶縁フランジによる接合

図3－44　鋼管と銅管の接合

(3) 鋼管と鉛管

鋼管と鉛管との接合は，ユニオン接合又はシモク（はんだ付け用ニップル）を用いて行う。

ユニオン接合は主として給水用に使用され，鋼管を鉛管めねじユニオンに接合するか，鋼管にソケットをねじ込んで鉛管おねじユニオンによって接合する。

(4) 鋼管と硬質ポリ塩化ビニル管

鋼管と硬質ポリ塩化ビニル管との接合は，鋼管用ソケットにバルブ用ソケットをねじ込み，ビニル管を接合する。また，特殊ユニオン継手を用いて行う場合もある。図3－45に鋼管と硬質ポリ塩化ビニル管の接合を示す。

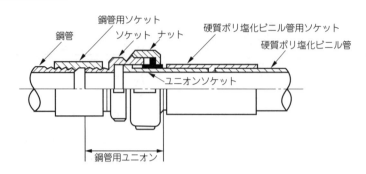

図3-45　鋼管と硬質ポリ塩化ビニル管の接合

(5) 鋳鉄管と硬質ポリ塩化ビニル管

　鋳鉄管と硬質ポリ塩化ビニル管との接合は，鋳鉄管受口に短管をフランジ接合し，これにビニル管をフレキシブルフランジで接合する。また硬質ポリ塩化ビニル管接続用異形管を用いる接合などがある。

　図3-46に鋳鉄管と硬質ポリ塩化ビニル管の接合を示す。

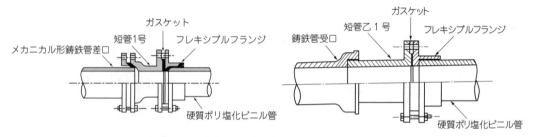

図3-46　鋳鉄管と硬質ポリ塩化ビニル管の接合

(6) ステンレス鋼鋼管と配管用炭素鋼鋼管

　ステンレス鋼鋼管と配管用炭素鋼鋼管との接合には，アダプタ接合，絶縁フランジ接合，絶縁ユニオン接合などがある。図3-47にステンレス鋼鋼管と配管用炭素鋼鋼管の接合を示す。

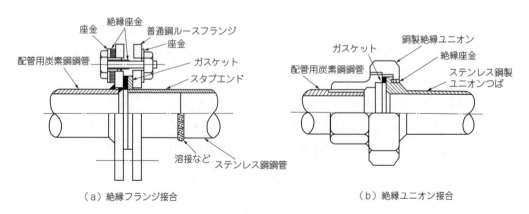

図3-47　ステンレス鋼鋼管と配管用炭素鋼鋼管の接合

（7）ステンレス鋼鋼管と銅管

ステンレス鋼鋼管と銅管との接合には，呼び径32A以上の管には，フランジ接合とアダプタ接合がある。25A以下の管には，管継手を用いて直接はんだ接合する。図3－48にステンレス鋼鋼管と銅管の接合を示す。

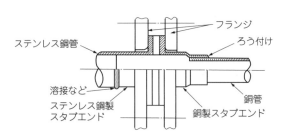

図3－48　ステンレス鋼鋼管と銅管の接合

（8）ステンレス鋼鋼管と硬質ポリ塩化ビニル管

ステンレス鋼鋼管と硬質ポリ塩化ビニル管との接合には，フランジ接合とユニオン接合がある。図3－49にステンレス鋼鋼管と硬質ポリ塩化ビニル管の接合を示す。

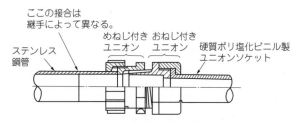

図3－49　ステンレス鋼鋼管と硬質ポリ塩化ビニル管の接合

（9）鋳鉄管と鉛管

鋳鉄管と鉛管との接合は，鉛管接続用鋳鉄異形管を用いて接合する。また，青銅製のカラーを鋳鉄管受口に挿入する方法もある。図3－50に鋳鉄管と鉛管の接合を示す。

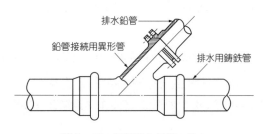

図3－50　鋳鉄管と鉛管の接合

（10）ポリエチレン管と鋼管

水道用ポリエチレン二層管と鋼管との接合は，鋼管にめねじ付ソケットを用いる。このとき，継手

の袋ナット及び部品を外した継手本体だけを鋼管に接合し，加熱した接合部が常温になってから水道用ポリエチレン二層管を接合する。図3－51にポリエチレン管と鋼管の接合を示す。

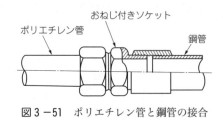

図3－51　ポリエチレン管と鋼管の接合

【練習問題】

次の文章の中で，正しいものには○印を，誤っているものには×印をつけなさい。

（1）　ライニング鋼管の切断には，といし切断機を使用すると，高速で管端面がきれいに切断できる。

（2）　鋼管のフランジ接合に用いるガスケットは，給水用にはゴム製ガスケットを，給湯・冷温水用には合成樹脂ガスケットを用いる。

（3）　パイプレンチには，鋼管用と外面被覆鋼管用がある。

（4）　ライニング鋼管のねじ切りに使用する切削油には，上水道用，ステンレス鋼鋼管用，一般配管用などがある。

（5）　ライニング鋼管の防食方法には，管端にコアを挿入する方法のみである。

（6）　銅管を金切りのこによって切断した際に生じるまくれは，サージングツールによって削り取る。

（7）　銅管の差込み接合は，管の差込み部と継手の受口とのわずかなすき間にろうを毛管現象により吸い込ませて接合する方法である。

（8）　銅管において，呼び径40A以上の管にはフレア接合又はユニオン接合を行う。

（9）　硬質ポリ塩化ビニル管のTS接合において，挿入管端は，継手受口の奥まで差し込んで密着させる。

（10）　ポリエチレン管の金属継手B形とは，金属継手の主要部品が青銅鋳物である。

（11）　ポリエチレン管の軟化温度は80℃，溶融温度は85℃である。

（12）　ステンレス鋼鋼管の溶接合は，配管用ステンレス鋼鋼管の肉厚が厚いので，高度の技術と熟練を必要としない。

（13）　ステンレス鋼鋼管のハウジングジョイント接合には，グループ形，リング形及びショルダ形がある。

（14）　ステンレス鋼鋼管のフランジ接合は，呼び径80A以上の管に用いられる。

(15) ステンレス鋼鋼管の熱伝導率は，鋼管や銅管より大きいので，局部的な加熱ではんだ付け接合ができる。

(16) 鋳鉄管のT形ゴム輪接合は，水道用鋳鉄管の接合のみに用いられる。

(17) 鋳鉄管のフランジ形接合は，フランジ面の形式により，大平面座形と溝形がある。

(18) 鋳鉄管と硬質ポリ塩化ビニル管の接合は，鋳鉄管受口に短管をフランジ接合し，これにビニル管をフレキシブルフランジで接合する。

第2章 管曲げ

ここでは，鋼管，排水用鉛管，プラスチック管，銅管，ステンレス鋼管などの曲げ加工について述べる。

第1節 鋼管の曲げ加工

1．1 機械による管曲げ

(1) 管曲げ機（パイプベンダ）

油圧管曲げ機にはロータリ式[*1]とラム式[*2]がある。

a．ロータリ式

図3-52は，ロータリ式の油圧管曲げ機で，200Aまでの管を常温のまま曲げることができる。

ロータリ式の主要部分は，図(b)に示すとおり，曲げ形，クランプ形[*3]，圧力形，心金などから構成されている。曲げ形は，管の曲げ半径に合わせてつくられ，管を巻き取る役目をする。クランプ形は，管を曲げ形に固定し，圧力形は，管を曲げるときの反力を支えている。心金は，管の中に挿入して，しわの発生や管のだ円化を防止する。

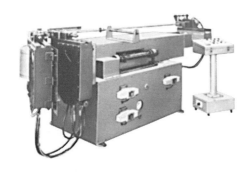
(a) 外 観

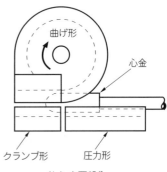
(b) 主要部分

図3-52 ロータリ式パイプベンダ

---

*1 ロータリ式：回転式。
*2 ラム式：油圧などで，シリンダ内を往復して，軸荷重を伝達する形式。
*3 クランプ形：締付け金具形。

b. ラム式

図3-53は，ラム式の油圧管曲げ機である。センタフォーマ[*1]をラムの先端に取り付け，エンドフォーマ[*2]で管を支え，油圧でラムを押して管を曲げる。ラム式は心金を使わないので，肉厚の薄いものや曲げ半径の小さいときは，管の仕上がりが悪いが，同じ曲げ形を使って異なった曲げ半径の管を曲げることができる。また，曲げ半径の大きい管も曲げることができる。

基本作業の手順を次に示す。

① センタフォーマをラムに取り付ける。

　　管径に合わせて，センタフォーマをラムに取り付ける。

② 管を固定する。

　　形棒に合わせて曲げ箇所に印を付け，曲げ箇所の中央をセンタフォーマの中心に合わせ，水平に置く。形棒より印を付けるときは，図3-54に示すように，形棒を管の中心線上で転がして曲げ始点と終点に印を付ける。

③ エンドフォーマをラムに取り付ける。

　　曲げ半径に応じてエンドフォーマを取り付ける。

④ 管を曲げる

　　ハンドルを静かに押して，ラムを前進させ，スプリングバック[*3]を見込んで，少し曲げすぎるくらい管を曲げる。また，曲げ角度，曲げ半径などにより，1回で曲がらないときは，数回に分けて曲げるが，ねじれが生じないように注意する。曲げ終ったらラムを戻し，エンドフォーマを外して管を取り外す。図3-55に3回に分けて管曲げする順序を示す。

図3-53　ラム式油圧管曲げ機

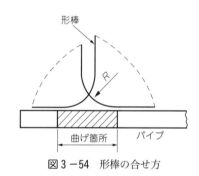

図3-54　形棒の合せ方

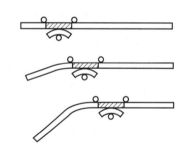

図3-55　ラム式パイプベンダによる管曲げ

---

*1　センタフォーマ：管を支える器具で，各管径のものがある。
*2　エンドフォーマ：管端を支える器具で，ローラ状になっている。
*3　スプリングバック：圧力が除かれると，与えられた変形が弾性的に回復することをいう。すなわち加圧時の角度は除荷後大きくなる現象のこと。

第2節　排水用鉛管の曲げ加工

2．1　排水用鉛管のから曲げ

(1) 鉛管のから曲げ*加工用工具

排水用鉛管を曲げるときは，図3－56に示すように，ため棒，玉ベンドベン，ドレッシャなどの工具を使用する。

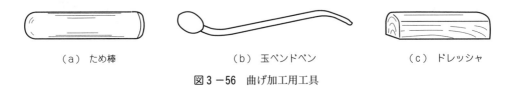

（a）ため棒　　　　（b）玉ベンドベン　　　　（c）ドレッシャ

図3－56　曲げ加工用工具

a．ため棒

　ため棒は，排水鉛管の曲げ加工のとき，管端より管内に差し込んで，曲げ部分以外の管がつぶれたり，曲がったりしないようにするために用いられる。また，管のつぶれなどを修正するときにも用いられる。

b．玉ベンドベン

　排水鉛管の曲げ加工のとき生じる管のつぶれを，管の内側から打ち出しするのに用いられる。玉ベンドベンの玉の大きさは，排水鉛管の管径によって適正なものを使用する。

c．ドレッシャ

　ドレッシャは，管径の修正や管の表面ならしなどに用いられる。

(2) 排水用鉛管のから曲げ

排水用鉛管のから曲げ基本作業の手順を示す。

① 現図を描き，型板をつくる。

　　管を曲げるときには，現図を描き，型板をつくる。

② 管を曲げ始点と曲げ終点の印を付ける。

　　曲げようとする管に，つぶれ又は曲がりがあるときは，加熱してため棒やドレッシャなどで図3－57のように修正する。次に図3－58のように管端に少し余裕長さを見込んで曲げ始点の印を付け，曲げ始点より曲げ部の長さを加えた位置に曲げ終点の印を付ける。

＊　から曲げ：管の中になにも入れずに曲げること。

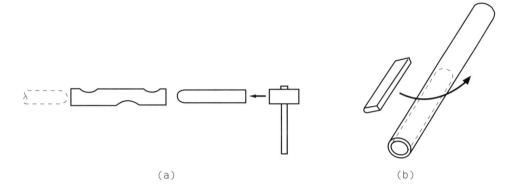

図3−57 管の修正

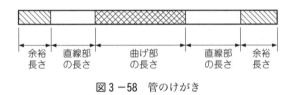

図3−58 管のけがき

③ 管の曲げ部分を加熱する。

　バーナ[*1]で，曲げ部分を中心に，曲げ部分より少し幅広く加熱する。加熱温度は，120℃くらいが適当である。鉛管は，融点が低く，温度の判別も困難であるから，溶かさないように注意する。

④ 管を曲げる。

　管が適温に加熱されたら，曲げ部の少し手前までため棒を差し込み，加熱された曲げ部にウエスを当て，腰折れが生じないように静かに曲げる。一度に曲げる角度は，15〜30°とする。管を曲げると，図3−59のように曲げ内側（腹）がへこみ折れたように曲がるが，へこみ深さは，管径の1/2以内とする。

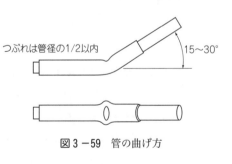

図3−59 管の曲げ方

⑤ 管径と偏肉[*2]を修正する。

　曲がり部横腹の膨らんだ部分を加熱し，ドレッシャでたたき，管肉を移動するとともに，その部分の管径を修正する。

---

*1　バーナ：ガス，油などを燃料とする燃焼器。
*2　偏肉：管がつぶれて真円でなくなり，管厚（管内）が一定厚でない状態をいう。

⑥ ③〜④を繰り返す。

再び管を加熱して，以上のことを繰り返し，現図や型板に合わせて曲げ状態を確認しながら，所定の角度まで曲げる。曲げ終了後，所定の寸法に切断する。なお，排水鉛管のから曲げは，曲げ始めの位置の深いほうから先に曲げ，順に手前のほうを曲げるようにする。

第3節　プラスチック管の曲げ加工

3．1　硬質塩化ビニル管のから曲げ

呼び径20A以下の硬質塩化ビニル管は，バーナで加熱して，自由な角度に曲げることができる。硬質塩化ビニル管のから曲げの基本作業の手順を示す。

① 現図を描く（図3－60）。

ただし，このときの曲げ半径は，管外径の3〜4倍以上とする。

② 管に曲げ始点と曲げ終点の印を付ける。

曲げようとする管の有効寸法に多少の余裕長さを加えた管を用意し，管端に少し余裕長さを見込んで曲げ始点及び曲げ終点の印を付ける。

③ 管の曲げ部分を加熱する。

バーナで，曲げ部分を中心に，曲げ部分より少し幅広く加熱する。加熱温度は，110〜140℃が適当である。硬質塩化ビニル管は，約210℃以上になると，茶褐色にこげるので，バーナで加熱するときは，次の点に注意する。

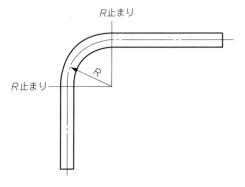

図3－60　現図作図例

1） 管外面に油などが付着しているとこげやすいので，ウエスなどできれいにふき取る。

2） バーナの炎は，少々弱めに調整し，炎を管に直接当てず，間接的に加熱する。

3） バーナは，図3－61のように管軸に斜めの方向に往復運動させながら，かつ，管を回転させながら加熱する。

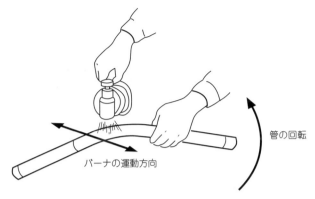

図3−61 管の加熱

④ 管を曲げる。

　管を適温に加熱させたら，図3−62のように管を現図の上にのせて，曲げ始点及び直接部を一致させ足などで押さえる。管を曲げ，図(b)のように現図と管の曲がりが一致するように，曲げ終点部の位置を調整する。

　曲がり部の管が軟らかいうちは，図(c)のようにウエスを用いて管のつぶれを修正し，曲がり部の管が多少硬くなると，図(d)のようにウエスを曲げ部全体に滑らせるようにしながら，管径を修正する。管曲げが完成したら，ぬれたウエスで冷却し，所定の寸法に切断する。

　管曲げは，必要な角度より少し曲げすぎるくらい曲げ，冷却しながら，所定の角度に戻すとよい。

3．2　水道用ポリエチレン二層管の曲げ加工

　水道用ポリエチレン二層管は，他種管と比較して，可とう性に優れているので，表3−4に示す最小曲げ半径以上であれば手曲げができる。最小曲げ半径は，1種管で外径の約20倍，2種管で外径の約30倍である。

　水道用ポリエチレン二層管を曲げ加工するときにバーナで直接炎を管に当てると，管の材質を劣化させ，管強度が低下するので行ってはならない。

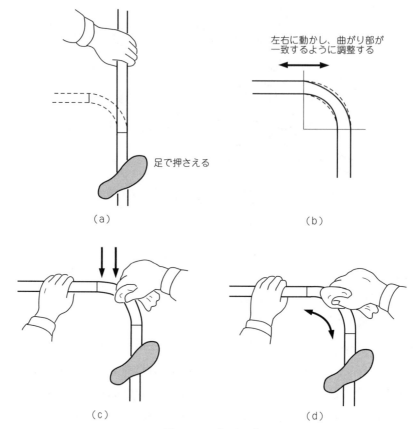

図3-62 管曲げ

表3-4 最小曲げ半径

(単位：cm)

種類＼呼び径	13	20	25	30	40	50
1種	45	55	70	85	100	120
2種	65	85	105	130	145	180

第4節　銅管の曲げ加工

銅管の曲げ加工には次の方法がある。

① 手曲げ加工
② スプリングベンダ*加工
③ 手動パイプベンダ加工
④ 電動パイプベンダ加工

---

* スプリングベンダ：ばね式管曲げ器。

4.1 手曲げ加工

手曲げ加工は,一般に細いサイズ(呼び径5A～10A,基準外径6.35～12.7mm)程度の銅管を手曲げで加工する方法である。

作業要領は,銅管をへこませたり,ねじれたり,たわませないように,手の支点を4～5箇所移動させながら徐々に曲げる。図3-63に手曲げ要領を示す。

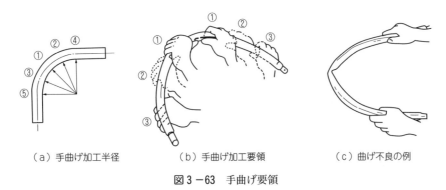

(a) 手曲げ加工半径　　(b) 手曲げ加工要領　　(c) 曲げ不良の例

図3-63　手曲げ要領

被覆銅管の曲げ半径の目安を表3-5に,裸銅管の曲げ半径の限度を表3-6に示す。

表3-5　被覆銅管の曲げ半径の目安

呼び径	曲げ半径
10A	100mm以上
15A	150mm以上
20A	300mm以上

表3-6　裸銅管の曲げ半径の限度

呼び径	曲げ半径
10A	40mm以上
15A	60mm以上
20A	80mm以上

4.2 スプリングベンダ加工

スプリングベンダ加工は,銅管の管内又は管外にスプリングベンダを通して図3-64に示すように曲げる方法で,サイズは5A～20Aに適用する。

この方法は,銅管がつぶれずに,小さい半径で曲げ加工ができる。

図3-64　スプリングベンダ

4.3 手動パイプベンダ加工

各サイズのパイプベンダ(5A～20A)を使用して加工する方法である。

銅管の管曲げに使用するベンダは,銅管の外径と曲げ半径の両方に合うものを使用する。管の外径

に合わないものを使用するとつぶれの原因となる。

銅管用パイプベンダによる管曲げ（90°）の基本作業の手順を示す。

① 管に曲げ始点の印を付ける。

図3-65のように管端から管曲げ寸法（L mm）になる位置をAとする。

Aの位置からベンダの1/4円周に0.64を乗じた値の長さ（ℓ mm）を左にとった位置をBとすると、Bの位置が曲げ始点となる。

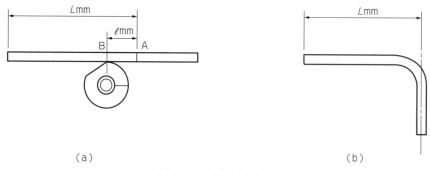

図3-65 曲げ始点の求め方

② 管を固定する。

ベンダ曲げ形の目盛0（ゼロ）と管の曲げ始点を合わせ、圧力形ハンドルを回して管をベンダに固定する（図3-66）。

なお、固定方法には、クランプを倒して固定するものもある。

③ 管を曲げる。

圧力形ハンドルと曲げ形ハンドルの両方に力を加え、管を曲げる。曲げ角度は、曲げ形の目盛と圧力形の基線を合わせて決める（図3-67）。

曲げ終了後、管をベンダから取り外す。

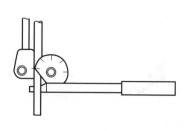

図3-66 管の固定

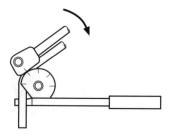

図3-67 管曲げ

4．4　電動パイプベンダ加工

細いサイズから太いサイズ（5A～40A）までの曲げ加工の量産化・プレハブ化に適している。図3－68に電動パイプベンダを示す。

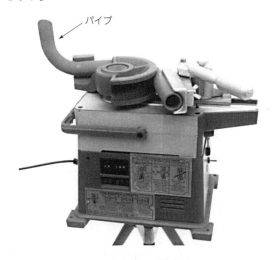

図3－68　電動パイプベンダ

第5節　ステンレス鋼鋼管の曲げ加工

5．1　ステンレス鋼鋼管用パイプベンダ

パイプベンダには定置形と携帯形がある。
（1）定置形
　大形で，主として呼び径25Su[*1]以上の管径の曲げ加工に用いられる。曲げ機械本体の質量が大きく，現場への運搬，据え付けが困難であるため，一般には加工工場に定置し，配管部材を加工するのに用いられる。
（2）携帯形
　呼び径13Su～25Suの管曲げ加工に用いられ，軽量化されたものである。動力として油圧電動，油圧手動及び手動があり，一般にはウォーム歯車[*2]の組み合わせを利用した手動式が用いられる。
　曲げ加工は，管径により曲げ金型とサイドプレートを選択し，交換して行う。
　図3－69に手動式パイプベンダを示す。

---

*1　25Su：Suとはステンレス鋼鋼管の呼び方を表す記号である。呼び径25Aを表す。
*2　ウォーム歯車：一条又は複数条のねじ形状になった円筒形又は鼓形の歯車。

116　第3編　施工法一般

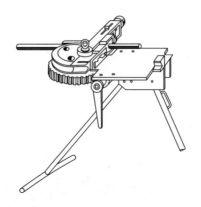

図3-69　手動式パイプベンダ

5.2　ステンレス鋼鋼管用パイプベンダによる管曲げ加工

ステンレス鋼鋼管用パイプベンダによる管曲げ（90°）の基本作業の手順を示す。

① 管に曲げ始点の印を付ける。

　　管端面より必要直線部の長さの位置に曲げ始点となる R 止まりの印を付ける（図3-70(b)）。

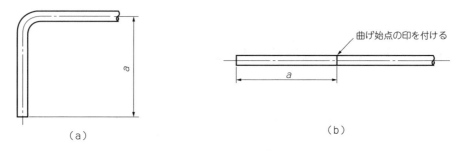

図3-70　曲げ始点のけがき

② 管を曲げ形に差し込み，パイプ押さえで所定の位置に固定する。

　　この場合，管の曲げ始点の印を曲げ形に表示してあるA線（本体側より寸法を測る場合）又はB線（本体の前方より寸法を測る場合）に合わせる（図3-71）。

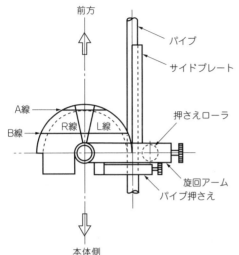

A線：本体側よりパイプ寸法を測る場合に使用
B線：本体の前方よりパイプ寸法を測る場合に使用
R線：本体右側より曲げた場合に使用
L線：本体左側より曲げた場合に使用

図3-71 管の固定

③ サイドプレート[*1]を取り付ける。

サイドプレートを曲げ形と旋回アーム[*2]との間に差し込み，押さえローラで管を固定する。

④ 管を曲げる。

ラチェットハンドルで旋回アームを回転させて，管曲げを行う。

本体の右側から曲げる場合，90°曲げでは曲げ形に表示してあるR線まで回転移動させる。反対に左から曲げる場合には，L線まで回転移動させる。なお，90°曲げ終点位置線（R線，L線）は，管のスプリングバックを見込み，90°以上の位置となっている。

⑤ サイドプレートを取り外す。

管曲げが終ったら，旋回アームを元の位置に戻し，押さえローラを緩めてサイドプレートを取り外す。

⑥ 管を取り外す。

パイプ押さえを緩めて，管を取り外す。

90°以外の管曲げ作業は，曲げ形に90°曲げ終点位置線（R線，L線）に相当する曲げ角度線が印されていないので，経験的に所要の位置を定める。この場合，管のスプリングバックを見込んでおかなければならない。

---

*1 サイドプレート：管を支える側板。
*2 旋回アーム：旋回部に使用される腕状の部品。

【練習問題】

次の文章の中で，正しいものには○印を，誤っているものには×印をつけなさい。

（1） パイプベンダとは，管曲げ機である。
（2） 管曲げ機の種類で，ロータリ式は心金を用いるが，ラム式は心金を使わずに曲げることができる。
（3） 玉ベンドベンは，管内に差し込んで，曲げ部以外の部分が曲がったり，管がつぶれないようにするために用いる。
（4） 鉛管の融点は低いので，鉛管の曲げ加工の加熱温度は80℃くらいが適当である。
（5） 硬質ポリ塩化ビニル管のから曲げ作業において，曲げ半径は管外径の3～4倍以上とする。
（6） 水道用ポリエチレン二層管の曲げ加工において，最小曲げ半径は，1種管では外径の約30倍である。
（7） 銅管の曲げ加工において，スプリングベンダを用いるのは，25A以上の管である。
（8） 呼び径15Aの被覆銅管の曲げ半径(R)の目安は，150mm以上である。
（9） 呼び径50Su以上のステンレス鋼鋼管の曲げ加工には，定置形パイプベンダを使用する。
（10） ステンレス鋼鋼管用パイプベンダで，管を90°本体右側より曲げる場合，R線まで旋回アームを回転させるのは，管のスプリングバックを見込んであるからである。

第3章 せん孔

ここでは，水道用鋳鉄管のせん孔について述べる。

第1節　水道用鋳鉄管のせん孔

1．1　一般的な注意事項

（1）分岐口径

配水管から給水管を分岐し取り出す場合の最大口径は，その地域の配水管の水圧，給水能力などから限定されていることがあるので注意が必要である。また，原則として配水管口径より小さい口径とする。

（2）分岐間隔

せん孔による配水管，管体強度の減少を防止すること。給水装置相互間の流量への影響により他の水利用に支障が生じることを防止することから，せん孔間隔は最小で300mm以上とする。また分岐は必ず直管部とし，曲管，T字管などの異形管にせん孔してはならない。

（3）分岐工法

給水管の分岐工法には，サドル付分水栓*による方法と，1本のドリルでせん孔と同時にねじ切りし，分水栓を配水管に直接ねじで取り付ける方法とがある。

1．2　サドル付分水栓方式

（1）サドル付分水栓の規格

サドル付分水栓は，日本水道協会規格に性能，構造等が規程されているものが多い。図3－72にサドル付分水栓，表3－7に日本水道協会規格のサドル付分水栓を示す。また，止水機構部がステンレス製のものある。

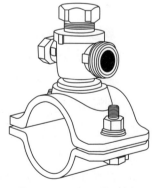

図3－72　サドル付分水栓

表3－7　日本水道協会規格のサドル付分水栓

取付け管の種類	サドル記号	取付け管の口径	給水管取出口の口径	備　考
鋳　鉄　管	DLP	75～350mm	13～50mm	サドル記号及び口径はサドル分水栓本体に鋳出し又は容易に消えない方法で表示する。
ビ ニ ー ル 管	VP	40～150mm		
鋼　　　管	SP	40～200mm		

*　サドル付分水栓：配水管に取り付けるサドル機構と止水機構を一体化した構造の栓。

（2） サドル付分水栓の取付け

① サドル付分水栓は，配水管の管種，口径及び分岐口径に適合したものを使用する。

② 地中に埋設してある管から分岐する場合は，その部分に付着している泥，さびなどを十分に清掃する。

③ サドル付分水栓は，配水管の管軸頂部にその中心がくるように据え付ける。ただし，障害物などによりやむを得ない場合は，中心より45°以内に限って据え付けることができる。

④ ゴムパッキンの離脱を防止するため，据え付けの際，サドルを配水管にそって前後に，また管周を移動させてはならない。

⑤ サドル部のボルト，ナットは対角線上に交互に締め付け，全体に均一になるように十分注意して取り付ける。

（3） サドル式せん孔機

せん孔機の種類を大別すると，手動式と電動式とがある。電動式はさらにせん孔機本体に小形電動機が一体に組み込まれているものと，離れた場所に設置されたガソリンエンジンなどの回転力をせん孔機に伝達するものとに分けられる。

a．手動式せん孔機

(a) 構　造

各メーカにより多少の相違はあるが，図3－73に示す手動式せん孔機の形態のものが一般的である。構造を大別すると次のようになる。

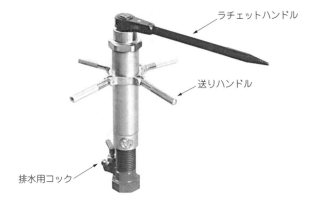

図3－73　手動式せん孔機

① 本体（内部にスピンドル*とその先端に鋳鉄管をせん孔するきりが内蔵されている）

② 送りハンドル（送りハンドルによりスピンドルの送り量を加減することができる）

③ ラチェットハンドル（スピンドル自体に，手動による回転力を与える。先端のつめの操作により回転方向を変換することができる）

④ アダプタ（ねじにより，本体をサドル分水栓に固定する金具。分水栓のサイズに合わせ各種寸法のものがある）

⑤ 排水用コック（せん孔作業中コックを開き，切り粉を水圧により外部に放出するもので，ホースが付属している）

＊　スピンドル：主軸。加工物や切削工具を取り付けて，直接仕事を行う軸。

(b) せん孔手順

① 配水管のサドル[*1]取付け部の管表面を，ウエスなどで十分に掃除する。
② サドル分水栓をせん孔部にのせ，バンドが管を抱き込むような形で組み合わせる。
③ サドルバンドにボルトを通し，ナットを平均に締め付ける。標準締付けトルクを，表3-8に示す。

表3-8 標準締付けトルク

(N・m)

取付け管の種類	標準締付けトルク ボルトの呼び	
	M 16[*2]	M 20
鋳　鉄　管	60	75
硬質塩化ビニル管	40	—
鋼　　　管	60	75

④ キャップを外し，分水栓が完全に開いていることを確認し，給水管取出口に取り付ける。
⑤ 分水栓のせん孔機取付け口に，アダプタを取り付ける。
⑥ せん孔機のスピンドルにドリル（錐）を取り付ける。
⑦ せん孔機の送りをいっぱいに戻し，アダプタにせん孔機を取り付ける。
⑧ 排水用コックに切り粉排出用ホースを取り付ける。
⑨ ドリルの先端が管表面に当たるまで，送りハンドルを回す。
⑩ せん孔機のスピンドルにラチェットハンドルを取り付ける。
⑪ ラチェットハンドルでドリルを回転させながら，送りハンドルで少しずつ送る（せん孔が終わると抵抗がなくなる）。
⑫ ラチェットハンドルを外し，送りをいっぱいに戻してドリルを引き上げる。
⑬ せん孔機の排水用コックを開閉して排水流に脈流[*3]を与え，切り粉を十分に排出する。
⑭ 分水栓を閉じる。
⑮ 切り粉排出用ホースを外し，せん孔機をアダプタから取り外す。
⑯ ドリルを取り外す。
⑰ 分水栓からアダプタを外す。
⑱ 給水管取出口のキャップ[*4]を外し，せん孔機取付け口に取り付ける。

[*1] サドル：鞍の意味で，管の外側に鞍のように掛けるものをいう。
[*2] M16：ボルトの呼び方で，メートルねじで呼び径16mmのボルトを表す。
[*3] 脈流：周期的に絶えず起こる流れ。
[*4] キャップ：帽子の意。ほこり防ぎにかぶせるもの。

b．電動式せん孔機

(a) 構　造

電動式には，電動機内蔵型と電動機外部装着型のものがある。

いずれも，100V電源を使用している。発電機を使用する場合，その電動機が必要とする電力に対応しているか，事前に確認しておくこと。

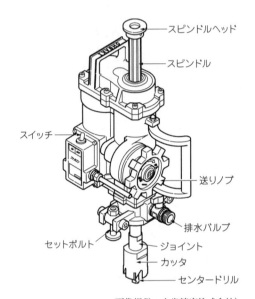

(画像提供：大肯精密株式会社)

図3－74　電動式せん孔機

図3－74に電動式せん孔機の一例を示す。

使用上の注意として，感電防止のため必ずアースを取る必要がある。さらに，回転物には接触しないなど，せん孔機の使用上の注意等を把握して使用すること。

(b) せん孔手順

① せん孔用ドリル，及びカッタをせん孔機に取り付ける。

　安全機構で左回転になっているため，取り付け時は左ネジであることに注意する。

② 手動式と同様に，サドル分水栓に電動せん孔機を取り付ける。

　排水用コックに排水ホースを取り付け，切り粉の排出準備をする。

③ 送りノブを解除方向に回した状態で，スピンドルを押し下げる。

④ 送りノブをせん孔方向にカチッと音がするまで静かに回す。

⑤ キャブタイヤコード*を電源に差し込み，スイッチをONにする。

＊ キャブタイヤコード：絶縁した電線をより合わせ，外側を強じんなゴムで外装した被覆電線をいう。

⑥　送りノブをせん孔方向に回しながら，せん孔していく。
⑦　せん孔が終了したら，スイッチをOFFにする。
⑧　送りノブを解除方向に回し，スピンドルを引き上げる。
　　切り粉の排出が完了したことを確認して，排水用コックを閉じる。
⑨　サドル付分水栓を全閉にする。
⑩　排水ホースを取り外し，せん孔機を取り外す。

【練　習　問　題】

次の文章の中で，正しいものには○印を，誤っているものには×印をつけなさい。
（1）　配水管のせん孔間隔は最大300mm以下である。
（2）　サドル付分水栓とは，配水管に取り付けるサドル機構と止水機構を一体化した構造の栓である。
（3）　サドル付分水栓は，配水管の管種，口径及び分岐口径に適合したものを使用する。
（4）　せん孔機の種類は大別して，手動式と電動式がある。
（5）　ラチェットハンドルとは，スピンドルに動力によって回転力を与えるものである。
（6）　アダプタとは，配水管にサドル付分水栓を固定する金具をいう。
（7）　排水用コックは，せん孔作業中に出る切り粉を放出することはできない。
（8）　配水用鋳鉄管にサドルバンドを，M16のボルトを用いて締め付けるときの標準締付けトルクは60N・mである。
（9）　電動式せん孔機を使用するときには，必ずしもアースを取る必要はない。

第4章 溶　　　接

溶接法の種類と特徴について，また各論として，ガス溶接・溶断，ろう付け，被覆アーク溶接，ティグ溶接，ミグ溶接，溶接欠陥及び防止法について述べる。

第1節　溶接の種類と特徴

1．1　溶接法の分類

溶接法は次の3つに大別される。
(1) **融接法**……ガス溶接[*1]，アーク溶接[*2]などのように溶かした溶接部が一体となって凝固することにより接合する方法。
(2) **圧接法**……抵抗溶接[*3]，固相接合[*4]などのように溶接部に熱と圧力を加えて接合する方法（熱を加えない場合もある）。
(3) **ろう付け（ろう接）**……硬ろう付け，軟ろう付けなどのように接合される金属より融点の低い別の金属（ろう材）を用いて接合する方法。

表3－9　溶接法の分類

融接	圧接	ろう接
ガス溶接 被覆アーク溶接 セルフシールドアーク溶接 サブマージアーク溶接 半自動アーク溶接 ティグ溶接 ミグ溶接（マグ溶接） エレクトロスラグ溶接 レーザビーム溶接 テルミット溶接 　　　　　　　　　など	摩擦圧接 超音波圧接 ガス圧接 抵抗溶接（スポット溶接） 爆発圧接 鍛接 　　　　　　　　　など	ろう付け（硬ろう） はんだ付け（軟ろう）

[*1] **ガス溶接**：ガス炎の熱で行う溶接のことをいう。
[*2] **アーク溶接**：アークの熱で行う溶接のことをいい，交流アーク溶接及び直流アーク溶接の2種類に大別される。
[*3] **抵抗溶接**：溶接継手部に大電流を流し，ここに発生する抵抗熱によって加熱し，圧力を加えて行う溶接のことをいう。
[*4] **固相接合**：母材の融点以下の温度で行う溶接のことをいい，ろう材を用いず，加圧又は非加圧の状態で固相面同士の溶接方法の総称である。

1.2 溶接の利用と特徴

前述のとおり，溶接法は多種多様であり，それぞれの特徴を生かして，造船，建築，橋りょう（梁），車両，航空機，ボイラ，貯槽，機械，電気機器などの製作に用いられ，近代工業になくてはならない重要な加工技術である。

溶接の特徴をあげると次のとおりである。

(1) 溶接の利点
① ボルト接合，リベット接合など従来の工作法に比べて強度が大きい。
② 構造物の重量の軽減及び材料の節約ができる。
③ 気密・水密なものが容易に工作できる。
④ 設計や工作の変更が自由で，改造・修理が容易である。
⑤ 製作時間が短縮でき，工作費が安くなる。

(2) 溶接の欠点
① 局部加熱によるひずみ[*1]や残留応力[*2]が発生しやすい。
② 内部欠陥が発生しやすく，正確な検査が困難である。
③ 製品の良否が溶接作業者の技能に左右されやすい。
④ 一般に高熱を使用するため，特別な安全対策が必要である。

1.3 溶接継手の種類

溶接部は接合部の形状によって，突合せ溶接，すみ肉溶接，せん（プラグ）溶接などに分けられる。また，溶接継手は，材料の接合形式によって，突合せ継手，T継手，十字継手，角継手，重ね継手，当て金継手及びヘリ継手に分類できる（図3－75）。

アーク溶接などで継手を接合する場合，接合面を完全に溶融させるために，接合面に適当な形の開先（グルーブ）[*3]を設ける場合がある。その開先形状には，図3－76に示すような種類がある。

なお，溶接が簡便なため，安易に使用され，それが思わぬ災害をまねくおそれがある。溶接作業に当たっては，安全対策を十分に行い，溶接の利点・欠点を十分に理解し，常に欠陥のない溶接継手をつくることができる技能の習熟に努めることが大切である。

---

*1 ひずみ：変形量を変形前のもとの長さで除した値。
*2 残留応力：冷間加工，焼入れ，溶接などの結果として生じた材料内部の不均一な力を面積で除した値。
*3 開先：溶接を行う母材間に設ける溝。

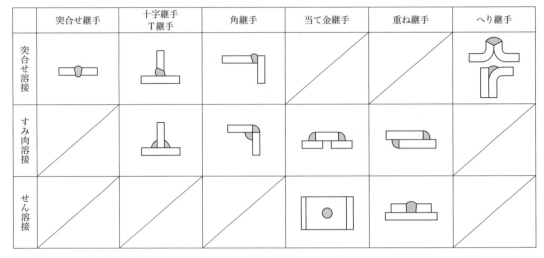

図3−75 溶接継手の分類

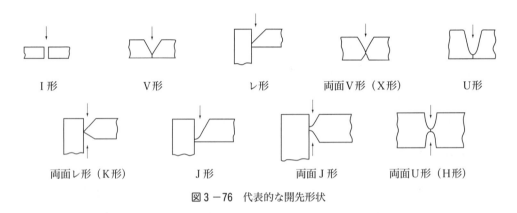

図3−76 代表的な開先形状

第2節　ガス溶接及びガス切断

2.1　ガス溶接

　ガス溶接には，燃焼温度が最も高い酸素とアセチレンの混合ガスが一般に広く用いられ，軟鋼の薄板，薄肉のパイプなどの溶接やろう付けなどに使用されている。

(1) 酸　素

　酸素は，空気中に約21％存在する。性質は無色，無臭，無味の気体で比重は空気を1とした場合1.1で，空気よりわずかに重い。酸素自体は燃えないが，他の物質の燃焼を助ける力が強い，いわゆる支燃性のガスである。

　酸素は，酸素容器又は酸素ボンベと呼ばれる高圧容器に通常35℃において147MPaの高圧で充てんされており，外観は黒色に塗られている。

(2) アセチレン

アセチレンは,水素と炭素が化合した極めて反応性に富んだ気体であって,非常によく燃焼する。普通用いられるアセチレンは,不純物を含むため非常に不快な悪臭を発生するが,純粋なものは,一種の香気(エーテルのような)を有する。アセチレンの比重は空気を1とした場合0.91で空気より軽い。

アセチレンは,種々の液体に溶解し,その溶解量は圧力とともに増加する。すなわち,約1.18MPaにおいてはアセトンには約300倍溶解する。

アセチレンは,また非常に爆発しやすく危険性が高い。普通は,溶解アセチレン容器(外観は褐色)に15℃で圧力約1.52MPa以下で充てんされているものを使用する。

(3) ガス溶接器(溶接吹管)の種類

ガス溶接器は酸素とアセチレンを混合室で混合し,火口先端から噴出燃焼させ,溶接を行うものである。その形式,構造,ガス圧力,ガスの混合法などから,次のように分類することができる。

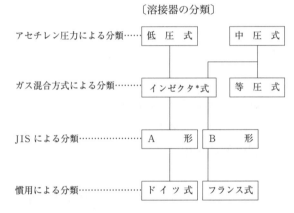

〔溶接器の分類〕

a. 低圧式ガス溶接器A形(ドイツ式)

低圧式ガス溶接器は,一般にアセチレン圧力約6.86kPa未満(低圧アセチレン発生器)及び溶解アセチレン19.6kPa程度以下の圧力で使用される。

低圧式ガス溶接器A形は,JIS B 6801に定められており,図3-77に示すように,溶接器先端についている火口の内部で酸素噴射によってアセチレンを吸引して混合するようになっている。

図3-77 低圧式ガス溶接器A形(ドイツ式)

* インゼクタ:ガス溶接器のガス混合部において,酸素の作用によって低圧のガスを吸引できるようにした機構。

b．低圧式ガス溶接器Ｂ形（フランス式）

JIS B 6801で規定されており，図３－78に示すように，溶接中央部で酸素の噴射によってアセチレンを吸引し，かつ混合するようになっている。

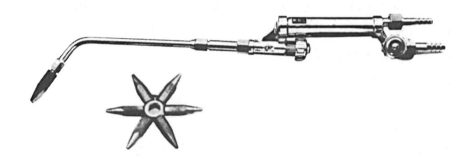

図３－78　低圧式ガス溶接器Ｂ形（フランス式）

（４）ガス溶接器の能力

溶接器の能力を表すには，一般に火口の大きさ（JISでは火口番号）をもって表すが，吹管の種類により次の2通りがある。

① Ａ形の火口番号は，その火口で溶接できる軟鋼板板厚を表す。

② Ｂ形の火口番号は，標準炎で1時間に燃焼するアセチレンの消費量(ℓ)を表す。

（５）溶接器の作業中の逆流，引火及び逆火

ａ．逆　　流

溶接器のインゼクタ（吸引装置）から火口までの間にごみやその他のものが詰まった場合，酸素がアセチレンホースのほうへ流れ込む。これを逆流という。この逆流を防止するには，常に溶接器の手入れをよくすることが大切である。もし逆流を起こしかけたら，ただちに溶接器の酸素バルブ及びアセチレンバルブを閉じ，吹管を掃除し点検する。

ｂ．引　　火

火口が瞬間的に火花，その他のもので詰まるか，火口の先端が品物に触れ，ガスの噴出が悪くなったとき，混合室まで炎が入り込み，そこで燃焼することがある。これを引火という。ガス切断器などでよく起こり，ゴウゴウとかガアガアと音を立てて混合室が熱くなる。引火を起こしたときは，まず酸素用バルブを直ちに閉じ，混合室の炎を消す。続いてアセチレンバルブを閉じる。引火は非常に危険であるので，その原因を十分確かめた後点火するようにしなければならない。

ｃ．逆　　火

炎が瞬間的にパァンとかポンポンと音を立て，火口先端に吸い込まれたり現れたりし，また完全に消滅することがある。これを逆火という。これは溶接器の取扱い方が悪いために起こるもので，火口が過熱したり，汚れたり，ガス圧力が不適当な場合（一般に低すぎる場合），又は火口の締付けが緩

んでいる場合などに起こる。この場合は，まず酸素バルブを閉じ，次にアセチレンバルブを閉じる。火口の過熱の場合は，酸素バルブだけを開いて水中で冷却する。汚れの場合は，よく手入れをした後，再点検する。

また，インゼクタ構造の不良によって，逆流・逆火が生じるので，インゼクタ機能の作動状況を確認しておかなければならない。インゼクタ機能の作動確認は次のように行う。

溶接器に酸素ホースのみを連結し，酸素圧力を溶接時の圧力まで上げる。そして，溶接器の酸素バルブを開け，酸素ガスのみを放出する。次に，溶接器のアセチレンバルブを開け，アセチレン管における吸込み状況を確認する。吸込みが確認されるならば正常である。もし確認されない場合，その溶接器を絶対に使用してはいけない。

逆火のため，アセチレンガス供給部近傍に安全器の設置が義務付けられている。安全器のない溶接装置を絶対に使用してはいけない。

2.2 ガス切断

鋼の一部を加熱（約1000℃）し，その部分に酸素を吹き付けると，鋼は燃焼して酸化鉄を生成する。この酸化鉄を酸素噴流で吹き飛ばして切断が行われる（酸化鉄の溶融温度1350℃）。切断が開始されると，その後は鋼の燃焼熱と炎の予熱炎で部分的にますます熱せられ，そこに酸素が吹き付けられるので連続的切断が続けられる。

(1) ガス切断器

ガス切断器は図3-79に示すように，ガス溶接器と内部構造が多少異なっている。すなわち，酸素とアセチレンを混合し，予熱炎を形成する部分と切断用の酸素のみ噴出させる部分とに分かれている。したがって，火口も図3-80に示すように，予熱用混合ガスを噴出する穴と，切断用酸素を噴出する穴は別々になっている。

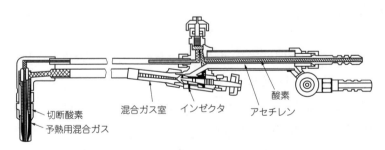

図3-79 ガス切断器1形（フランス式）

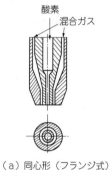
（a）同心形（フランジ式）

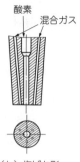
（b）梅ばち形

図3-80 火口の形式

（2）切断する板厚と火口の能力との関係

火口の大きさ（能力）は切断酸素噴出口の口径によって決まり，また，それによって酸素圧力及び切断できる板厚，切断速度などもおおよそ決まってくる。したがって，切断する板厚が決まれば，以上の諸条件をそれに適合するように選定しなければならない（表3-10）。

表3-10 手動切断による標準作業条件（低圧式）

板厚 (mm)	火口口径 (mm)	酸素圧力 (MPa)	アセチレン圧力 (MPa)	切断速度 (mm/min)
3	0.5～1.0	0.1～0.15	0.01	500～600
6	0.8～1.0	0.1～0.15	0.01	400～500
9	0.8～1.5	0.15～0.20	0.01	400～500
16	1.0～1.5	0.15～0.20	0.01	300～400
19	1.2～1.5	0.2～0.25	0.02	300～400
25	1.2～1.5	0.2～0.25	0.02	250～350
36	1.7～2.0	0.3～0.35	0.02	200～300
50	1.7～2.0	0.35～0.40	0.02	150～250

第3節 ろう付け

ろう付けは，溶接と異なり母材を溶融しないで，ろう材を溶融し，溶融したろう材が母材継手面間に毛管現象によって浸透し接合する方法である。

ろう付けの利点は母材を溶融しない接合方法なので融接に比べひずみが少なく，同種金属はもちろん，異種金属，非鉄金属などの接合が容易にできることである。

すき間は，一般に0.02～0.10mm程度に保つと強い強度が得られる。

ろう材の種類及び用途については，第2編7章第1節1.1参照。

（1）ろう材

ろう付けを行ううえで，ろう材が備えていなければならない条件は，次のようなことがあげられる。

① 母材に対してなじみが良好であること。

② 目的に応じ適当な溶融温度と流動性を有し，継手の狭いすき間によく広がること。
③ 溶融状態で溶け分かれを起こさず，安定で均質であること。
④ 過剰に蒸発する成分を含有していないこと。
⑤ 母材との電位差ができないこと（腐食などの原因となる）。

(2) フラックス

ろう付けのフラックス[*1]が備えていなければならない条件は，次のようなことがあげられる。
① 流動性がよく，酸化被膜や異物を除去すること。
② 清浄な金属表面の酸化を防止すること。
③ フラックスの有効温度範囲が，ろう付け温度範囲内にあること。
④ ろうの母材へのなじみを助けること。
⑤ ろう付け時間が少々長くても効力を失わないこと。
⑥ ろう付け後のスラグ[*2]の除去が容易であるとともに，残っても母材の腐食作用がないものであること。
⑦ 人体に有害でないこと。

なお，作業上からは取り扱いやすいことが必要であり，次のようなことが考えられる。
① 水と混合して均質なのり状になり，加工物に均一に塗布しやすいこと。
② のり状のものが乾いても，水を加えれば再び元の状態に戻ること。
③ 塗布した後の乾燥や加熱中にはがれないこと。

以上が軟ろう付け，硬ろう付けのフラックスについての一般的事項であるが，フラックスの形状によっては多少異なるものもある。

第4節　被覆アーク溶接

　アークとは，＋極と－極との間に発生した気体中の放電のことである。したがって，アーク溶接には，様々なものがあり，被覆アーク溶接，ティグ溶接，ミグ溶接，サブマージアーク溶接など，この分類に属する溶接法の種類は多い。ここでは，主に被覆アーク溶接，ティグ溶接及びミグ溶接について述べる。

---

*1　フラックス：溶接又はろう付けの際に，母材及び溶加材の酸化物などの有害物を除去し，母材表面を保護し，又は溶接金属の精錬を行う目的で用いる材料のことをいう。
*2　スラグ：溶接後，溶接ビードの表面を覆う物質で被覆剤[*3]の成分が変化したもの。
*3　被覆剤：被覆アーク溶接棒の心材を覆っている材料。フラックスともいう。

4．1　被覆アーク溶接

　アーク溶接法は，電源より供給された電力（電流，電圧）によってアークを発生させ，その熱を利用して金属を接合する方法である。

　アークは非常に強い光と熱を発生するので，直接肉眼でアークを観察することはできない。

　図3－81に適当な遮光ガラスで観察したアークの構成を示す。図に示すようにアーク心，アーク流及びアーク炎の3部分から構成されている。

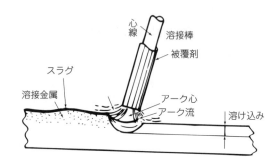

図3－81　アークの構成（被覆アーク溶接）

　アーク心は溶接棒と母材を直線で結んだアークの中心部であって，このアーク心の長さをアークの長さという。この回りに比較的淡紅色を呈しているのがアーク流である。この外周はさらに炎で包まれている。この部分をアーク炎という。最も温度の高いのはアーク心の部分であって，通常5000℃といわれている。

　被覆アーク溶接で一番使われている交流アーク溶接機についての規格を表3－11に示す。

　被覆アーク溶接とは，被覆剤が施された溶接棒を電極として行う溶接法である（図3－81）。

　被覆剤の機能を次に示す。

① アークの安定化，維持を容易にする。
② ガスを発生して酸素や窒素から溶接金属*を保護する。
③ スラグ化し，溶接金属を徐冷する。
④ 各姿勢での溶接を容易にする。
⑤ 溶接金属の脱酸精錬を行う。
⑥ 溶接金属へ合金元素を添加する。

＊　溶接金属：溶着金属及び融合部。

表3-11 交流アーク溶接機(種類,定格及び特性)(JIS C 9300-1:2006付属書)

種類			小形交流アーク溶接電源			交流アーク溶接電源		
			定格出力電流によって,下欄のように種類分けする。					
			150A機	180A機	250A機	300A機	400A機	500A機
定格出力電流		A r.m.s.	150	180	250	300	400	500
定格使用率		%	20/25/30			30/40		60
出力電流の範囲	最大値	$I_{2\,max}$ A r.m.s.	定格出力電流の100%以上110%以下					
	最小値	$I_{2\,min}$ A r.m.s.	45以下	55以下	75以下	定格出力電流の20%以下		
最高無負荷電圧*		$U_{0\,max}$ V r.m.s.	75以下			85以下		95以下
定格負荷電圧 標準負荷電圧の形式検査の試験値		V r.m.s. U_2 V r.m.s.	a) 被覆アーク溶接機に対する式 b) TIG溶接機に対する式			$U_2=20+0.05\,I_2$ $U_2=16+0.02\,I_2$ ここに,I_2:標準出力電流		注1)による
使用可能な溶接棒の径 2)		mm	2.0〜4.0	2.6〜4.0	3.2〜5.0	2.6〜6.0	3.2〜8.0	4.0〜8.0

注1): a) 被覆アーク溶接機に対する式　50Hzの場合:$U_2=20+0.04\,I_2+j(I_2/500)\times10$
　　　　　　　　　　　　　　　　　60Hzの場合:$U_2=20+0.04\,I_2+j(I_2/500)\times12$
　　　b) TIG溶接機に対する式:$U_2=16+0.02\,I_2$
　　　　　ここに,I_2:標準出力電流。
　2): 使用可能な溶接棒の径は,被覆アーク溶接棒について参考値を示す。

4.2 ティグ溶接 (Tungsten Inert Gas Arc Welding)

　シールドガスとしてアルゴンやヘリウムなどの不活性ガスを用いる非消耗のタングステン電極と母材間にアークを発生させ,母材を溶融させる。そこに,溶加棒を添加する溶接法である(図3-82)。他のアーク溶接による溶接金属に比べ,溶接金属の清浄度が高く,一般にじん性,延性,さらには耐食性にも優れている。炭素鋼,低合金鋼,ステンレス鋼はもとより,ニッケル合金,銅合金のほか活性金属であるアルミニウム合金,チタン合金,ジルコニウム合金,マグネシウム合金などの溶接に幅広く適用されている。

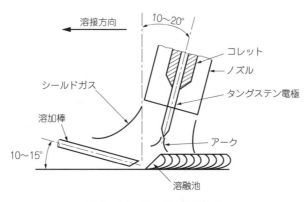

図3-82　ティグ溶接の原理

4.3 ミグ溶接 (Metal Inert Gas Arc Welding)

　ミグ溶接の原理を図3-83に示す。

＊　無負荷電圧:アークを発生していないときの二次側両端子間の電圧。

ワイヤはシールドガスにより大気から保護される中，モータにより定速度で送られる。ワイヤの先端と母材間にアークが発生させられ，ワイヤと母材が溶融して溶融池を形成し，その後冷却され溶接金属となる。

シールドガスにアルゴンガスやヘリウムガスを用いるものをミグ溶接と呼び，炭素ガスを用いるものをマグ溶接（Metal Active Gas Arc Welding）と呼んでいる。一般に，ミグ溶接は，ステンレス鋼，アルミニウム及びその合金に用いられ，マグ溶接は，鋼に用いられている。

電流密度が高く，ワイヤが連続供給されるため高能率な溶接法である。

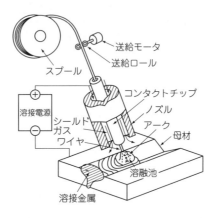

図3－83　ミグ溶接の原理

軟鋼用被覆アーク溶接棒*は，炭素含有量がおおよそ0.25％以下の低炭素鋼用であり，現在，我が国で最も多量に使用されている。

溶接棒の種類は被覆剤の系統により表3－12のように分類されている。

表3－12　軟鋼用被覆アーク溶接棒の主な種類（JIS Z 3211：2008抜粋）

溶接棒の種類	被覆剤の系統	溶接姿勢	電流の種類	旧記号
E4303	ライムチタニヤ系	全姿勢	AC及び／又はDC（±）	D4303
E4311	高セルロース系		AC及び／又はDC（＋）	D4311
E4313	高酸化チタン系		AC及び／又はDC（±）	D4313
E4316-H15	低水素系		AC及び／又はDC（＋）	D4316
E4319	イルミナイト系		AC及び／又はDC（±）	D4301
E4324	鉄粉酸化チタン系	下向，水平すみ肉		D4324
E4327	鉄粉酸化鉄系		AC及び／又はDC（－）	D4327
E4340	特殊系	製造業者の推奨	製造業者の推奨	D4340

＊　**被覆アーク溶接棒**：アーク溶接の電極として用いる溶接棒で，フラックスを施してあるものをいう。溶接棒ともいう。

電流の種類に用いた記号は，次のことを意味する。

AC：交流　DC（±）：直流（棒プラス及び棒マイナス）

DC（－）：直流（棒マイナス）　DC（＋）：直流（棒プラス）

溶接棒の被覆剤は，吸湿しないように，湿気の少ない通風のよい場所に保管しなければならない。また，使用前には，溶接棒を乾燥させて使用しなければならない。

第5節　溶接欠陥と防止方法

溶接構造物の良否は，材料，設計，設備，溶接作業者の技能などにより左右される。溶接施工では，多くの因子が重なり，互いに影響を及ぼすので，種々の複雑な欠陥を生じやすい。溶接作業者は欠陥の発生原因とその防止法について十分な知識をもつ必要がある。

5．1　欠陥の原因と防止法

（1）アンダカット[*1]

　a）原　因

① 溶接電流の高すぎ。

② 溶接棒の保持角度が不適当。

③ 溶接速度が速い。

④ アーク長さの長すぎ。

⑤ 溶接棒の選択の誤り。

図3－84　溶接欠陥の種類

　b）対　策

① 溶接電流を適正にする。

② 適正な溶接棒の保持及び運棒をする。

③ 溶接速度を適正にする。

④ アーク長さを短く保つ。

⑤ 溶接条件に適した溶接棒及び棒径を使用する。

（2）オーバラップ[*2]

　a）原　因

① 溶接電流の低すぎ。

＊1　アンダカット：溶接の止端にそって母材が掘られて，溶着金属が満たされないで溝となって残っている部分をいう。

＊2　オーバラップ：溶着金属が止端で母材に融合しないで重なった部分をいう。

② 溶接速度の遅すぎ。

③ 不適当な溶接棒の使用。

　b）対　策

① 溶接電流を適正にする。

② 溶接速度を適正にする。

③ 溶接条件に適した溶接棒及び棒径を使用する。

(3) 溶込み不良[*1]

　a）原　因

① 開先角度[*2]が狭い。

② 溶接速度の速すぎ。

③ 溶接電流が低い。

　b）対　策

① 開先角度を大きくする。

② ルート間隔を広げる，又は角度に応じた棒径を選ぶ。

③ 溶接速度を適正に保つ。

④ スラグの被包性を害しない程度まで電流を上げ，溶接棒の角度を垂直に近づけ，アークの長さを短く保つ。

(4) 融合不良[*3]

　a）原　因

① 溶接電流の低すぎ。

② アークの片寄り。

③ 溶接速度の速すぎ。

　b）対　策

① 溶接電流を上げる。

② 開先の両へりを均等に溶かすよう運棒する。

③ 溶接速度を適正に保つ。

---

*1　溶込み不良：完全溶込み溶接継手の場合に溶け込まない部分があることをいう。
*2　開先角度：V型，レ型開先などにおける角度，スラグの巻き込みや溶込み状態を考慮し，角度を変化させる。
*3　融合不良：溶接境界面が互いに十分に溶け合っていないことをいう。

【練習問題】

次の文章の中で，正しいものには○印を，誤っているものには×印をつけなさい。
（1） 溶接法の特徴として気密性がよいことがあげられる。
（2） ガス溶接，アーク溶接はともに融接法に分類される。
（3） 溶解アセチレン容器の色は赤である。
（4） ドイツ式溶接器の特徴は，ガス混合部が溶接器中央にあることである。
（5） ろう付けで使われるフラックスの役目の1つは，材料表面の清浄化である。
（6） 溶接欠陥のオーバラップは，溶接電流が高いときに生じやすい。
（7） D4301は，低水素系軟鋼用被覆アーク溶接棒である。
（8） 被覆アーク溶接はアーク溶接に分類される溶接法である。
（9） 被覆アーク溶接棒の被覆の機能に，溶接金属の脱酸精錬作用がある。

第5章　管施設の機能試験

ここでは，配管施工中の漏えい試験の種類とその概要を，また，圧力・流量・温湿度の各種測定法について述べる。

第1節　配管施工中の漏えい試験

1．1　漏えい試験の種類

漏えい試験の種類は，配管系統，機器などの種類により，次のとおりである。

① 水圧試験

② 満水試験

③ 気圧試験（気密試験）

④ 通水試験

⑤ 煙試験

⑥ 通気試験

(1) 水圧試験

　給水管，給湯管，消火管などは配管完了後，又は現場の状況により一部完了後，水圧試験を行う。この試験は被覆工事施工前に，それぞれの開口部を閉じて，配管の頂部から空気を抜きつつ管内に水を送り込み，満水した後，水圧ポンプで加圧水を送り，所要の圧力（配管系統により異なる）になったら水圧ポンプを止めて，ポンプの出口のバルブを閉じ，配管部分の継手その他の接合箇所から最小保持時間内に漏水がないかどうかを調べる試験である。

　屋外配管など気温の変化を敏感に受ける通常の試験を行う場合は，長時間試験のため放置すると，圧力計の指針が上がったり下がったりして，正確な指示をしないこともあるので注意する。

　試験に使用する水は上水とする。また，配管の一部試験を実施する場合は，水圧試験を実施しない部分が残らないようにする。

　耐圧試験値が異なる機器，器具などを配管接続した後，水圧試験を行うときは，それらの機器，器具の耐圧試験値以上の圧力が加わることのないように注意する。

　図3－85に手動による水圧試験機を示す。また，表3－13に試験の種別及び標準値を示す。

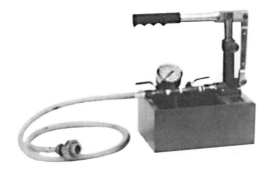

図 3-85 水圧試験機

表 3-13 試験の種別及び標準値

試験種別 / 系統	水圧・満水試験							気圧試験	煙試験	残留塩素の測定	
最小圧力など	1.75MPa		実際に受ける圧力の2倍		設計図書記載ポンプ揚程の2倍	30kPa	満水	35kPa	濃煙 0.25kPa	遊離残留塩素 0.2mg/l 以上	遊離残留塩素 0.1mg/l 以上
最小保持時間	配管工事完了後 60min	すべての器具の取付け完了後 2min	配管工事完了後 60min	すべての器具の取付け完了後 2min	60min	60min	30min	24h	15min	原則として 15min	—	—
給水・給湯 直結	○	○										○
高置タンク以下			○*	○*							○	
揚水管					○*							
タンク類								○			○	
排水 建物内汚水・雑排水管						○				○	○	
敷地排水管							○					
建物内雨水管						○				○		
排水ポンプ吐出し管					○**							
通気						○				○	○	
注意	水道事業者に規定のある場合はそれに従うこと。圧力は配管の最低部におけるもの。		圧力は配管の最低部におけるもの。 * 最小0.75MPaとする。 ** 最小0.2MPaとする。				排水ますを含む。					

○........○ いずれかの○印に該当する試験を行う。

(2) 満水試験

満水試験は, タンク類を対象として漏水の有無を調べる目的で行う試験である。

排水配管の完了後, 被覆工事の施工前に行う。試験は試験を行う配管の最高開口部を除いてすべて閉鎖し, 管内に水を満たしたうえで, 配管からの漏水の有無を確認する。

通常満水試験を行うときは, あらかじめ配管中に満水試験継手や, 満水試験プラグを挿入して行う。

この継手は試験後に治具*を取り去り, カバーをし, 配管の一部として残ることになる。図 3-86 に満水試験プラグを示す。

---

* 治具：部材を固定したり拘束したりするために用いられる道具。

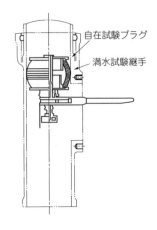

管口に差込みAをねじ込むとゴムCが広がり、管と密着する。Dのキャップで空気を抜く。

（a）管端用　　　　　（b）立て管用

図3－86　満水試験プラグ

（3）気圧試験（気密試験）

　気圧試験は，満水試験ができない場合に，これの代わりに空気圧によって行う試験である。配管系からの漏水及び臭気の漏れを防止することを目的としている。漏水箇所の発見は，石けん水を塗布して発泡の有無で判定する。

　空気圧縮機又は試験機を用い，最小圧力は35kPa，保持時間は15分間維持しなければならない。

　気密試験は各種の圧力機器，容器，配管などの気密を確認する試験である。

　表3－14に冷媒配管試験圧力を示す。

表3－14　冷媒配管試験圧力

冷房ガスの種類	高圧部（MPa）					低圧部（MPa）
	基準凝縮温度（℃）					
	43	50	55	60	65	
R407C	1.78	2.11	2.38	2.67	2.98	1.56
R410A	2.50	2.96	3.33	3.73	4.17	2.21
R134a	1.00	1.22	1.40	1.59	1.79	0.87
R32	2.57	3.04	3.42	3.84	4.29	2.26

（4）通水試験

　通水試験は，各器具を取付けた後，その器具の使用状態に適応した排水量を流して，排水及び通水の系統の漏れの有無を目視により検査する方法である。試験に用いる水は，上水とする。排水系統の配管施工上の最終的な試験である。

（5）煙試験

　煙試験は，衛生設備のすべての器具の取付け完了後に行う排水管及び通気管系統の試験である。煙試験は全トラップを水封した後，発煙筒を用いて全排水通気系統に刺激性の煙，又は有色煙をブロワ[*1]で

送り込み，煙が屋根上の頂部開口部から見え始めたとき密閉し，管内気圧を0.25kPaとし，その保持時間は最小15分間とする。

発煙材料としては，工場などの機械室で使用した油のしみ込んだウエス，タールペーパのくず及びウエスに重油をしみ込ませたものなど着火の比較的にぶい油が適当である。

有色煙の代わりに刺激性の強い薬剤（はっか油，エーテルなど）が使用されることもある。

図3-87に煙試験方法の例を示す。

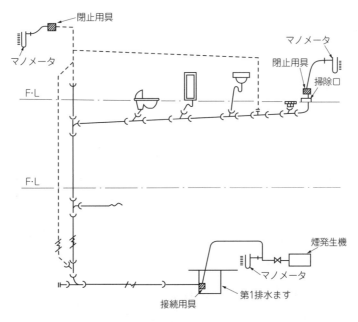

図3-87　煙試験方法の例

(6) 通気試験

通気試験は，蒸気配管と機器類を接続して，使用状態と同じ状態で蒸気を通し，全機能に支障がなく使用できるか，機器と配管との接続部に漏水及び凝縮水の漏れがないかを検査する試験である。

通気試験においては，機器接続部の漏えい検査のほか，主として次のような調整などを行う。

① ダートポケット[*2]のごみの清掃

② トラップの作動点検

③ 安全弁の作動点検

④ 減圧弁の調整

⑤ 温度調節弁の調整

⑥ 真空給水ポンプ，凝縮水ポンプの作動調整

[*1] ブロワ：吐出し圧力が9.8～98kPaの送風機をいう。
[*2] ダートポケット：配管中に混入したごみをためる部分をいう。

⑦ 各種蒸気弁の開度調整
⑧ 放熱器などの通気状態の点検
⑨ 伸縮管継手の作動点検
⑩ 管の固定箇所の固定状態の確認
⑪ 蒸気ハンマの発生の有無を調整
⑫ 支持金物の支持状態の点検

第2節　圧力，流量及び温・湿度の測定

2．1　圧力の測定

　圧力を測定する計器としては，管施設では一般に圧力計が用いられるが，マノメータを使用することもある。**圧力計**は通常正のゲージ圧を測定するものをいい，負のゲージ圧を測定するものを**真空計**，正及び負のゲージ圧を測定するものを**連成計**というが，単に圧力計という場合には，この3種類のものを総称していうこともある。圧力計は構造的には，ばね圧力計とダイヤフラム圧力計に分けられるが，そのうちばね圧力計の一種であるブルドン管圧力計（管ばね圧力計）が主に使用されている。それらの構造を次に示す。

（1）ブルドン管圧力計

　構造の主要部分は，だ円形・半円形などの断面をもった弓形に曲がった管（ブルドン管），変位拡大機構（ロッド，セクタ，ピニオン，ひげぜんまいなど），指針，目盛板などからなり，原理はブルドン管の内部にその下端から測定しようとする液体又は気体の圧力が加わると，内圧力と外圧力（大気圧）との差によって管の断面は真円に，曲がりは直線に戻ろうとする。このため，その自由端は測定すべき圧力に応じて動き，それを目盛上の指針に伝え圧力を示す。

　ブルドン管には，密閉形（取付け場所の周囲条件によって，ブルドン管圧力計の内部機構が損傷されないように密閉した構造のもの）と保安形（ブルドン管などの破損による周囲への危険を防止するため，保護装置のある構造のもの）のものがある（図3−88）。

第5章 管施設の機能試験　143

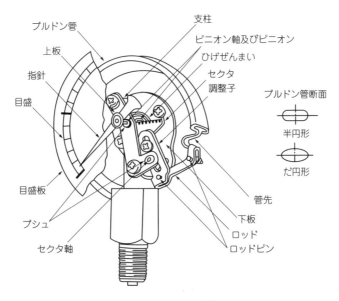

図3-88　ブルドン管圧力計

(2) ダイヤフラム圧力計

図3-89に示すように，ダイヤフラム（薄い膜）に測定しようとする圧力が加わると，リング及びセクタ歯車*などの変位伝達機構が圧力に応じて動き，それを，目盛上の指針に伝え圧力を示す。

(3) マノメータ

ガラス製のU字管を用いた圧力測定装置をマノメータ（図3-90）という。圧力の小さいときには管内に水を入れ，大きいときには水銀を用いる。液柱hを測定することによって圧力（kPa）が求められる。

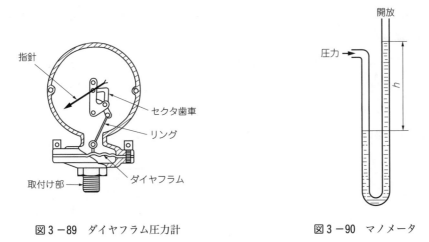

図3-89　ダイヤフラム圧力計　　　図3-90　マノメータ

---

*　**セクタ歯車**：歯車の円周の一部を扇形に切り取って利用した歯車である。

2.2 流量の測定

(1) 量水器による方法

量水器（水道メータ）には，主に羽根車の回転数と通過水量が比例することに着目して計量する羽根車式（推測式）が使用されている。

a．接線流羽根車式水道メータ

計量室内に設置された羽根車にノズル[*1]から接線方向に噴射水流を当て，羽根車を回転させて通過水量を積算表示[*2]する構造のものである。図3－91に接線流羽根車式水道メータを示す。

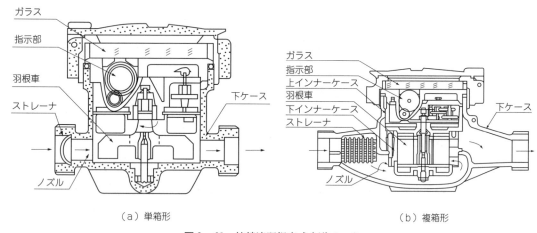

図3－91　接線流羽根車式水道メータ

b．軸流羽根車式水道メータ

一般に管状の器内に設置された流れに平行な軸をもつらせん状の羽根車を回転させて，積算計量するもので，立形と横形がある。

立形は，メータケースに流入した水流が，整流器を通って，垂直に設置されたらせん状羽根車にそって下方から上方に流れ，羽根車を回転させる構造になっている。羽根車の回転がスムーズで，感度がよく，小流量から大流量までの計量が可能である。

図3－92に立形軸流羽根車式を，図3－93に横形軸流羽根車式を示す。

---

*1　**ノズル**：一般に円形断面の一部を縮小した筒状の吹出し口をいう。
*2　**積算表示**：累計（合計）して表示する。

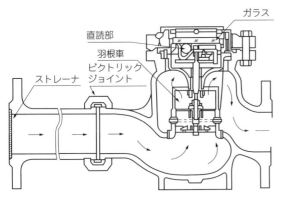

図3-92 立形軸流羽根車式　　　　図3-93 横形軸流羽根車式

　横形は，メータケースに流入した水流が，整流器を通って，水平に設置されたらせん状羽根車にそって流れ，羽根車を回転させる構造となっている。羽根車の回転負荷が大きいので，微小流域での性能は劣る。

c．電磁式水道メータ

　水の流れの方向に磁界をかけると，電磁誘導作用[*1]（フレミングの右手の法則）により，流れと磁界に垂直方向へ起電力[*2]が誘起される。ここで，磁界の磁束密度[*3]を一定にすれば，起電力は流速に比例した信号となり，この信号に管断面積を乗じて単位時間ごとにカウントすることにより，通過した体積が得られる。耐久性に優れ，微小流から大流量まで広範囲な計測に適する。図3-94に電磁式水道メータの原理を示す。

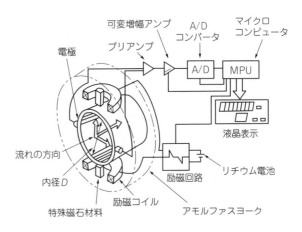

図3-94　電磁式水道メータの原理

d．指示部の形態

(a) 機械式と電子式

　機械式は，羽根車の回転を歯車装置により減速し，指示機構に伝達して，通過水量を積算表示する方式である。

---

*1　電磁誘導作用：コイルの中を貫く磁束が変化したり，導体が磁束を切るとき，コイルに起電力が発生する現象をいう。
*2　起電力：電圧（電位差）をつくり出す力。
*3　磁束密度：磁力線を適当に束にした線の疎密の割合をいう。

電子式は，羽根車に永久磁石を取り付けて，羽根車の回転を磁気センサ*¹で電気信号として検出し，集積回路*²により演算処理して，通過水量を液晶表示*³する方式である。

(b) 直読式と円読式

直読式は，計量値を数字（ディジタル*⁴）によって積算表示するものである。表示部が不鮮明になるのを防止するため，乾式では真空方式が，また湿式では液封方式が用いられる。

円読式は，計量値を回転指針（アナログ*⁵）によって目盛板に積算表示するものである。図3－95に水道メータの指示部を示す。

（a）直読式　　　　　　　　（b）円読式
図3－95　水道メータ指示部

(c) 湿式と乾式

湿式とは，目盛板など指示機構全体が水に浸っているものをいう。

乾式とは，目盛板及び指示機構*⁶が受圧板により流水部と隔離されているものをいう。羽根車の回転は，マグネットカップリングによって指示機構部へ伝達される。

2．3　温度の測定

(1) 水銀温度計

ガラス管に封入された水銀の温度による体積変化を利用したもので，測定に使用される範囲はかなり広く，概ね－30～350℃くらいである。水銀がガラスをぬらさないことや，他の液体に比べ熱伝導率が大きいため測定時間は短い。また，純粋なものが得やすいことなどから，体温計や最高最低温度計などに広く用いられている。

＊1　磁気センサ：磁石が鉄を引き付ける性質や，磁石の両極が互いに反発する作用を判別する機能を備えた装置。
＊2　集積回路：多数の回路素子が1つの基板上又は基板内に分離不能の状態で相互接触されている超小形構造の回路をいう。ICともいう。
＊3　液晶表示：分子の配列が，特定方向だけ規則的にある液体と固定の中間的性質をもった物質で表示する。
＊4　ディジタル：数量を0，1，2，3など段階的に大きさが変化する物理量で表す方式。
＊5　アナログ：連続して変化する物理量又はそのような量によって動作する装置。
＊6　指示機構：約束によって決められた記号で示したりするメカニズム。

（2）アルコール温度計

ガラス管に封入されたアルコールの温度による体質変化を利用したもので，アルコールの凝固点（－117℃）が低い性質を利用して比較的低い温度を測るのに用いられる。測定範囲は概ね－100～100℃くらいである。目盛を読みやすくするためにアルコールは赤く着色してある。示度遅れは3分程度である。

（3）バイメタル温度計

熱膨張係数の異なる2種の金属板を接着し，温度の変化に応じ湾曲に変形する性質を利用したもので，低膨張側にアンバ[*1]，高膨張側に黄銅[*2]が使用されることが多い。これを利用した自動記録温度計もある。

図3－96につる巻き式バイメタル温度計を示す。

図3－96　つる巻き式バイメタル温度計

（4）液体膨張式圧力温度計

導管に液体（水銀，アルコール，アニリンなど）を充てんしておくと，感温部の温度変化とともに膨張してブルドン管に圧力を伝え指示する。測定範囲は水銀で－30～500℃，アルコールで200℃以下である。

図3－97に水銀を用いた液体膨張式圧力温度計を示す。

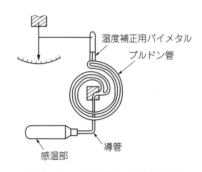

図3－97　液体膨張式圧力温度計

2．4　湿度の測定

（1）オーガスト乾湿計

2本のガラス管温度計の1本を乾球，他を湿球として，湿球には十分水を含ませたガーゼで包んだ状態とする。湿球から蒸発によって奪われる潜熱[*3]が周囲空気からの伝熱（対流伝熱）により湿球に加えられる顕熱[*4]とつり合ったとき，湿球の読みと乾球の読みから湿度を求める。図3－98にオーガスト乾湿計を示す。

---

*1　アンバ：二酸化マンガン及びけい酸塩を含む水酸化鉄。
*2　黄銅：銅と亜鉛（10～50％）の合金で，真ちゅうともいわれる。
*3　潜熱：一定圧力のもとで物質が状態変化している間は，熱を与えても温度変化はしない。このときの状態変化に使われる熱をいう。
*4　顕熱：物質に熱の移動があった場合，温度変化に使われる熱をいう。

(2) アスマン通風乾湿球温度計

温度計は球部が円筒状の水銀封入ガラス温度計である。通風装置によって，二重円筒で囲まれた球部のまわりに2.5m/s程度の通風速度を与えるようになっている。正確な測定には風速がやや小さく，構造上の難点もある。携帯に便利で日射の影響を防ぐようにつくられており，屋外での使用にも適している。図3－99にアスマン乾湿計を示す。

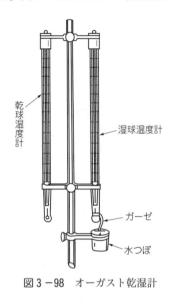

図3－98　オーガスト乾湿計

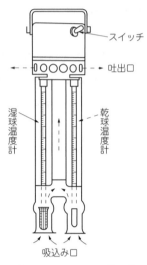

図3－99　アスマン乾湿計

【練　習　問　題】

次の文章の中で，正しいものには○印を，誤っているものには×印をつけなさい。

(1) 給水直結配管工事完了後の水圧試験は，最小圧力1.75MPa，最小保持時間60分である。
(2) 水槽類の満水試験の最大保持時間は12時間である。
(3) 配管系に石けん水を塗ってテストする方法は，通水試験である。
(4) 通気試験は，機器接続部からの漏気や凝縮水の漏れを検査すると同時に，温度調節弁の調整も行う。
(5) ブルドン管圧力計には，密閉形と保安形がある。
(6) ガラス製のU字管を用いたマノメータは，液体の質量を測定するのに用いる。
(7) 接線流羽根車式水道メータは，羽根車にノズルから接線方向に噴射水流を当て，羽根車を回転させて通過水量を積算表示するメータである。
(8) 横形軸流羽根車式水道メータは，羽根車の回転負荷が大きいので，微小流域での性能は劣る。
(9) 直読式水道メータは，計量値をアナログによって目盛板に積算表示する。
(10) オーガスト乾湿計は，2.5m/s程度の通風装置によって測定する。

第6章　管の被覆及び塗装

ここでは，管の断熱被覆工事の一般事項並びに塗装工事の概要について述べる。

第1節　被覆工事

配管・付属装置などは流体の温度，設備場所などにより必要な被覆工事をしなければならない。

断熱被覆をする目的は，次の4つがあるが，このように配管などに断熱被覆することを，一般に保温という。

① 装置内から失われる熱量又は侵入する熱量を抑制し，燃焼，電力などを節減する。
② 装置の表面温度が露点温度[*1]以下に降下し表面に結露[*2]するのを防止する。
③ 装置の表面温度が降下して装置内の流体が凍結するのを防止する。
④ 高温の装置から発散する放射熱を遮断したり，ごく低温の装置の表面を覆って作業を容易にしたり危険を防止する。

　(注)　流体の温度が高く，熱が外部へ逃げるのを防ぐことを**保温**といい，流体の温度が低く，熱が外部から入ってくるのを防ぐことを**保冷**という。

1．1　保温保冷材料

JIS（A 9504, 9510, 9511）に規定している，主な保温材の使用温度と，用途を表3-15に示す。

表3-15　保温材の使用温度と用途

名　称	使用温度の最高 [℃]	構造概要	用途
ロックウール保温材	（1号，2号，3号）600 （ウール）650	ロックウール，フェルト，板，筒，帯，ブランケット	ボイラ，貯湯タンク，冷温水管，給湯管
グラスウール保温材	（2号24K）250 （3号96K）400	グラスウール，板，筒，ブランケット，帯	蒸気，温水管，ダクト
けい酸カルシウム保温材	（1号）1000 （2号）650	けいそう土，石灰，補強繊維，板，筒など	ボイラ，貯湯タンク，温水管，蒸気管
ポリスチレンフォーム保温材	（筒）70 （板）80	ポリスチレン，発泡剤，板，筒	ダクト，冷媒，ブライン管（防露，保冷用）
はっ水性パーライト保温材	（3号）900 （4号）650	板，パーライト，筒，無機質繊維	ボイラ，貯湯タンク

[*1]　露点温度：一定量の水蒸気を含む空気が，次第に冷却して飽和状態となり，水蒸気が凝縮して水滴になり始める温度。
[*2]　結露：室内の湿った空気が，その空気の露点以下に冷えた壁面が窓面に触れて温度を下げ，空気中の水蒸気が水滴となって壁面に付着する現象をいう。

1.2 保温被覆の厚さ

被覆工事の施工については，JIS A 9501で定めているが，一般に設計図書*で指定された厚さとする。なお，設定条件と施工条件が著しく異なるとき，又はそのおそれがあると考えられる場合には，再検討が必要である。保温材の厚さの一例を表3－16に示す。

表3－16 保温材の厚さ

(単位：mm)

保温の種別	呼び径	15	20	25	32	40	50	65	80	100	125	150	200	250	300以上	参考使用区分	
I	イ	20								25			40			ロックウール	温水管
I	ロ	20								25		40		50		グラスウール	給湯管
II	イ	25			30			40				50				ロックウール	蒸気管
II	ロ	25			30			40				50				グラスウール	
III	イ	30				40							50			ロックウール	冷水管
III	ロ	30				40							50			グラスウール	冷温水管
III	ハ	30				40							50			ポリエチレンフォーム	
IV	イ	30				40							50			ロックウール	冷媒管
IV	ロ	30				40							50			グラスウール	
V	イ	20							25			40				ロックウール	給水管
V	ロ	20							25		40	50				グラスウール	排水管
V	ハ	20										30				ポリエチレンフォーム	
VI		25															
VII		50（現在は，20mm，14mmの被覆も各自治体で認可）														機器，排気筒，煙道，内張り	
VIII		75															
IX		露出部は50，隠ぺい部は25															

注：高圧（0.1MPa以上）の蒸気管及び蒸気ヘッダの保温厚は，特記による。

1.3 被覆工事の一般事項

被覆工事は，保温材，外装材，補助材などを使用して，配管，ダクト，機器などの表面温度を一定に保つために行うもので，設計図書によって，材料種別，施工順序，施工方法などを，あらかじめ確認する必要がある。

(1) 施工方法

保温材の施工に当たっては，下記事項のほか，保温材の種別・厚さ，施工箇所などを再確認して適正な施工方法により行う。

① 保温の厚さは，保温材主体の厚さとし，外装材及び補助材の厚さは含まない。
② 配管の保温・保冷施工は，水圧試験の後で行う。
③ 保温材相互のすき間は，できる限り少なくし，重ね部の継ぎ目は同一線上にならないようにずらして取り付ける。

＊ 設計図書：契約書以外の図面，仕様書，現場説明書及び現場説明に対する質問回答書などの総称。

④ 筒状保温材を使用する場合は，必ず管径に適合する寸法のものを使用し，図3－100のようにならないようにする。

⑤ 横走配管に取り付けた筒状保温材の抱き合わせ目は，管の垂直上下面を避け，管の横側に位置するようにする。

⑥ 壁やはりなどの貫通部は図3－101のように施工する。特に保冷の場合は，貫通部に保冷施工をしないと管の表面に結露して漏水状態のようになることがあるので，防露のため壁やはりの内外を連続して保冷施工を行う。

図3－100 筒状保温材の割れ目

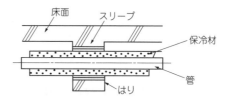
図3－101 はり貫通部の保冷

⑦ 防火区画及び主要構造部の床，壁などの配管，ダクトが貫通する場合の貫通部分の被覆は，貫通孔内面もしくはスリーブ内面と配管及びダクトとのすき間をロックウール保温材で完全に充てんし，充てん小口はハードセメントなどで養生*する。

⑧ 蒸気管などが壁，床などを貫通する場合には，伸縮を考慮して，その面から約25mm程度は保温被覆を行わない。

⑨ 蒸気管など伸縮の大きい管を支持する場合の保温材は，伸縮量を考慮して図3－102のように保温材をローラから30～50mm程度，また下部を円周の約1/4程度切り取って取り付ける。

⑩ 冷水及び冷温水配管のつりバンドなどの支持部は，図3－103のように防湿加工を施した木製又は合成樹脂製の支持受けを使用する。やむを得ず配管を直接支持する場合は，図3－104のように保温外面より150mm程度の長さまでつり棒に保温（厚さ20mm）の被覆を施す。

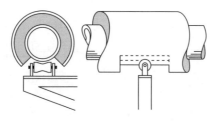
図3－102 ローラサポート部の被覆

---

* 養生：塗料が付着しないように被塗物を保護することをいう。

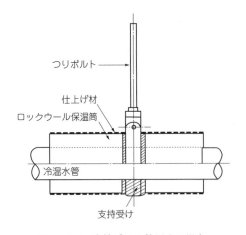
図3-103 支持受けを使用する場合

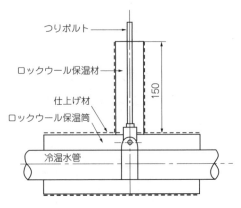
図3-104 直接支持する場合

⑪ 弁，フランジ，伸縮管継手などの異形部分に対する保温材の被覆は，原則として直管部と同種同質の保温材を同じ厚さに取り付け，施工が困難な場合は帯状保温材もしくは工場製のカバーを使用する。カバーは後の保守を考慮して，管とは別につくる。カバー内部は，フランジのボルトの操作ができる空間をとる。なお，保冷用の場合は，空間部にロックウール，グラスウール保温材などを充てんする。弁，フランジ，伸縮管継手の被覆施工例を図3-105に示す。

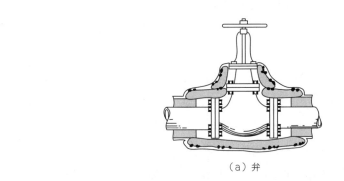
(a) 弁

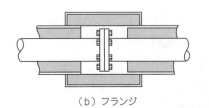
(b) フランジ

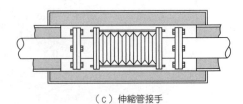
(c) 伸縮管接手

図3-105 弁，フランジ伸縮管継手の被覆

⑫　綿布，防水麻布，ガラスクロス，ビニルテープ，アルミガラスクロスなどテープ状のテープ巻きの重ね幅は，原則として15mm以上とし，厚紙，アスファルトルーフィング，アスファルトフェルトなどの重ね幅は30mm以上とする。また，防水麻布巻きの場合は，その上を2m間隔に亜鉛めっき鉄線を2回巻き締めた後アスファルトプライマ2回塗りを施す。

⑬　テープ巻きは，配管の下より上向きに巻き上げる。ビニルテープ巻きなどで，ずれるおそれのある場合には，粘着テープなどを用いてずれ止めを行う。

⑭　保温材の見切り部端面は，使用する保温材及び保温目的に応じてハードセメントなどで保護する。

⑮　配管及びダクトの床貫通部は，その保温材保護のため，床面より少なくとも高さ150mm程度までステンレス鋼板で被覆する。

⑯　室内配管の保温材見切り箇所には菊座[*1]を，また分岐，曲がり部などにバンドを取り付ける。

⑰　屋外及び室内多湿箇所の継ぎ目は，はんだ付けとするか，又はシーリング材[*2]によりシールを施す。シーリング材を充てんする場合は，油，じんあい，さびなどを除去し，必要に応じてプライマを[*3]塗布してから行う。

第2節　塗装工事

2.1　塗装の目的

塗装の目的は，建築設備に対する材料面の保護としての防せい・防水・耐薬品・防かびなどと，美観や識別などの美装を図ることである。

2.2　塗装工法

塗装工法には，塗料を塗るためのはけ塗り，吹付け塗り及びローラブラシ塗りと，これらを補助するパテ塗り，研磨などの工程がある。

(1) はけ塗り

塗料をはけによく含ませ，均一に塗り広げる最も古い塗装方法である。

はけはその形状，寸法などによって多種類あり，塗装する塗料の種類，被塗物の材質，形状，塗装部位などによって選択して用いる。塗料の種類によっては，はけ目が残りやすいものもあり，その場合は，はけ目が目立たないように一定方向に塗る。

---

*1　菊座：菊の花のごとく放射状に凹凸の付いた座金。
*2　シーリング材：目地やすき間，ガラス窓のはめ込み部などの水密，気密の目的で充てんする材料。
*3　プライマ：塗料を下地と密着させるために下地面に塗る液状物。

(2) 吹付け塗り

吹付け塗りは，塗料を霧化状態にして被塗物に吹き付け，均一な塗膜を形成するもので，作業能率がよい。

吹付け塗りには，エアスプレー方式とエアレススプレー方式がある。

エアスプレー方式は，圧縮空気によって塗料を霧化し，スプレーガンからその圧力を用いて塗装する方法である。塗膜が薄くなり，塗装時の周囲への飛散が多くなる欠点がある。

エアレススプレー方式は，塗料の霧化に圧縮空気を用いず塗料自体にポンプにより圧力を加え，その圧力によってスプレーのノズルで霧化し吹き付ける方法である。ポンプにより塗料に高圧を加えるため，厚膜塗装ができ，飛散ロスが少ない。

図3-106にエアスプレーガンを，図3-107にエアスプレー装置を示す。

図3-106 エアスプレーガン

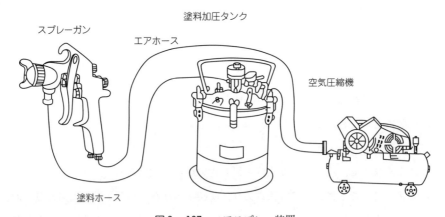

図3-107 エアスプレー装置

(3) ローラブラシ塗り

フェルト，羊毛，化学繊維などのローラブラシに塗料を含ませて塗る工法で，つやなし調合ペイント塗りと合成樹脂エマルジョンペイント塗りに多く利用されている。

幅が広く大きな平面部分では作業能率がよいが，塗膜にローラ目が残るので，光沢のある平滑な面をつくるのには適さない。

（4）パテ塗り

被塗物の凹凸，穴などを処理し，塗装の仕上げ精度を高めるために用いる工法で，穴埋め，パテしごき[*1]，パテ付けなどの方法がある。

一般にパテ類は，塗膜性能が不十分であるため，塗付けは最小限とする。

（5）研　磨

研磨は，下地[*2]表面に付着している汚れ除去・付着性向上のために行うものと，パテ塗り後の下地表面を平滑にするために行うものがある。

一般に金属面の塗装における研磨は前者であり塗膜厚を低下させないように行う。

2．3　ペイント塗装

金属製品を塗装して防せい，防食するためには塗装前の表面処理が重要である。金属表面のさびをそのままにして塗装すると一時的には塗膜で覆われても後になって塗膜の割れ[*3]やふくれ[*4]などを生じ塗膜がはく脱してさびはさらに内部にまで進行する。したがって，鉄鋼製品などを塗装するときは塗装前の表面処理に特に注意しなければならない。

建築物その他の鉄鋼製品には従来からペイント塗装が多く用いられている。

（1）配管，ダクト，機器類などの塗装

塗装は，塗装目的に適した塗料を選定し，正しい工程に従ってていねいに仕上げ，養生を十分に行う。

配管，ダクト，機器類などの塗装例を示すと表3－17のようになる。なお，さび止めペイントがよく乾燥してから上塗りを行う。また，塗装表面に凹凸がある場合はパテ付けをして平滑にする。

[*1]　パテしごき：塗料の素地（下地）の凹凸や傷にパテをへらで塗り付けて平らにすること。
[*2]　下地：仕上げ材料の素地のことをいう。
[*3]　塗膜の割れ：塗料の乾燥によって起こる組織相互の破断（き裂が生じる）をいう。
[*4]　塗膜のふくれ：塗料が局部的に接着不良で，表面が膨れて見える欠陥現象をいう。

表3-17 各塗装箇所の塗料の種別及び塗り回数

整備区分	塗装箇所		塗料の種類	塗り回数			備考
	機材	状態		下塗り	中塗り	上塗り	
共通	支持金物及び架台類（亜鉛めっきを施した面を除く）	露出	調合又はアルミニウムペイント	2	1	1	下塗り，さび止めペイント
		隠ぺい	さび止めペイント	2	—	—	
	保温外装（綿布）	露出	調合ペイント	1	1	1	下塗りは，目止め材
	保温外装（亜鉛鉄板）	露出	調合ペイント	1	1	1	下塗りは，さび止めペイント
	保温される金属下地	—	さび止めペイント	2	—	—	亜鉛めっき部を除く
	タンク類	外面	調合ペイント	2	1	1	下塗りは，さび止めペイント
	鋼管及び継手（黒管）	露出	調合ペイント	2	1	1	下塗りは，さび止めペイント
		隠ぺい	さび止めペイント	2	—	—	—
	鋼管及び継手（白管）	露出	調合ペイント	1	1	1	下塗りは，さび止めペイント
	蒸気管及び同用継手（黒管）	露出	アルミニウムペイント	2	1	1	下塗りは，さび止めペイント
		陰ぺい	さび止めペイント	2	—	—	—
	煙突及び煙管	—	耐熱塗料	1	1	1	断熱なし
		—	耐熱塗料	3	—	—	断熱あり
空気調和	ダクト（亜鉛鉄板製）	露出	調合ペイント	1	1	1	下塗りは，さび止めペイント
		内面	調合ペイント（黒，つけやし）	—	1	1	室内外より見える範囲
	ダクト（普通鋼板製）	露出	調合ペイント	2	1	1	下塗りは，さび止めペイント
		内面	さび止めペイント	2	—	—	—

注1） 耐熱塗料の耐熱温度は，ボイラ用では400℃以上のものとする。
 2） さび止めペイントを施す面で，製作工場で浸せきなどにより塗装された機材は，搬入，溶接などにより塗装のはく離した部分を補修すれば，さび止めを省略することができる。
 3） ねじ切りした部分の鉄面は，さび止めペイント2回塗りを行う。
 4） 綿布巻きの目止めに用いる目止め材は，アクリル系水性塗料とする。

（2）作業工程

ペイント塗装の基本的な作業工程は，次のとおりである。

素地調整→さび止め→パテ付け→中塗り→上塗り

a．素地調整

塗装面は，さびや汚れ・油分などを除去するとともに表面処理などをして，塗料の接着性がよくなるように素地調整をしなければならない。素地調整は，塗装面の材質によって異なる。代表的な塗装面の素地調整方法を表3-18に示す。

表3-18 代表的な塗装面の素地調整方法

塗装面	素地調整方法
鉄部	1）ワイヤブラシ・スクレーパなどで汚れ，付着物を除去する。 2）揮発油ぶきなどで油類を除去する。 3）ディスクサンダなどでさびを落とした後，ただちに次工程（さび止め）を行う。
亜鉛めっき部	1）ワイヤブラシ・スクレーパなどで汚れ，付着物を除去する。 2）揮発油ぶき・中性洗剤・湯・水洗などにより油類を除去する。 3）エッチングプライマ*で表面処理した後，ただちに次工程（塗装）を行う。
コンクリート・モルタル面	1）素地を十分に乾燥させる。 2）ワイヤブラシ・スクレーパなどで汚れ，付着物を除去する。 3）素地のき裂・穴などはエマルジョンパテなどで穴埋めし，表面を平滑にする。 4）表面乾燥後，研磨紙で平滑にする。

＊ エッチングプライマ：塗装に際して金属の表面処理とさび止めを同時に行う塗料。

b．さび止め

　さび止めペイントには鉛丹塗料が多く用いられている。この塗料は比重が大きく顔料が沈降しやすいのでよくかく（攪）拌して使用する。また乾燥が非常に遅いのでよく乾燥させてから次の工程に移らなければならない。さび止めは普通1回塗りが多いが，よく乾燥させて2回塗りすると防せい効果のうえからきわめて有効である。

c．パテ付け

　塗装する表面に凹凸がある場合には下地を平滑にするためパテ付けをする。木製又は金属製のへらを用いてパテを塗り，よく乾燥させてから研磨紙で研いで表面を平滑にする。高級仕上げするときは全面パテ付けするが部分的にパテ付けすることを拾いパテ付けと称している。

　建造物又は機器などには拾いパテ付けするが，配管などの塗装にはパテ付けを省略している。

d．中塗り

　中塗りするときには塗装する場所や環境に応じて塗料の配合を変えることがある。室内塗装の場合には美観をよくするため油分を少なくして肉持ちのよいものが用いられ，屋外塗装の場合には耐候性をよくするために油分の多いものを用いている。

　調合ペイントを用いる場合には下塗り用と上塗り用があるから，それぞれの溶剤及び乾燥剤を使用する。

e．上塗り

　屋外塗装の場合は油分の多いもので耐候性のあるもの，屋内塗装の場合には光沢のよいものを用いる。上塗りするときは，はけむらや流れなどができないようにはけさばきを慎重に塗装すると同時に，ほこりなどが入らないように注意する。

2.4　識　　別

　配管には，配管系に設けたバルブの誤操作を防止するなどの安全を図ること，配管系の取扱いの適正化を図ることを目的に表3－19の識別色及び配管識別を図3－108の識別表示の位置と実施方法のように表示することになっている。

表3-19 識別色及び配管識別 (JIS Z 9102: 1987)

物質の種類	識別色
水	青
蒸気	暗い赤
空気	白
ガス	うすい黄
酸又はアルカリ	灰紫
油	茶色
電気	うすい黄赤

(1) 識別色による物質表示の例（水の場合）
　(a) 管に直接に環状に表示したもの。

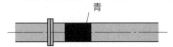

　(b) 管に直接に長方形の枠で表示したもの。

　(c) 札を管に取り付けて表示したもの。

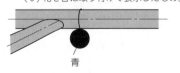

(2) 物質名称の表示の例（空気の場合）
　(a)

　(b)

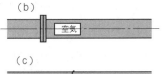

　(c)

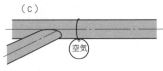

(3) 流れ方向の表示の例（硫酸の場合）

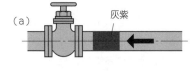

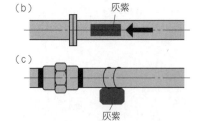

(4) 流れ方向の表示の例（矢印の形の識別色による場合）

ここには必要に応じて物質の名称文字又は化学記号を書く。

(5) 流れ方向の表示の例（矢印の
　　 識別色の札による場合）

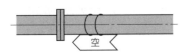

(6) 圧力・温度・速さなどの特性の表示
　　 の例（識別色の札による場合）

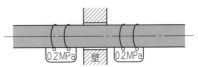

(7) 危険表示の例（硫酸の場合）

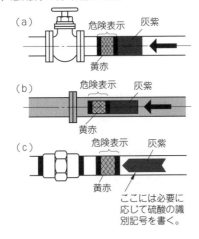

(8) 消火表示の例（水の場合）

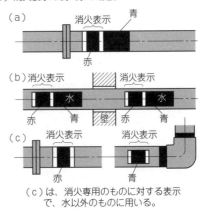

(c)は，消火専用のものに対する表示
で，水以外のものに用いる。

(9) 放射能表示の例（空気と水の場合）

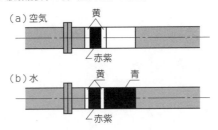

図3-108　識別表示の位置と実施方法

【練 習 問 題】

次の文章の中で，正しいものには○印を，誤っているものには×印をつけなさい。

(1) 保冷とは，流体の温度が低く，熱が外部から入ってくるのを防ぐことをいう。
(2) グラスウール保温材（2号24K）の最高使用温度は250℃である。
(3) 呼び径40Aの蒸気管の保温厚さは，グラスウール保温材では20mmである。
(4) 保温の厚さは，保温材主体の厚さに外装材及び補助材の厚さを加える。
(5) 横走配管に取り付けた筒状保温材の抱き合わせ目は，管の垂直上下面を避け，管の横側に位

　　　　置するようにする。

（6）　綿布，ガラスクロスなどのテープ状のテープ巻きの重ね幅は，原則として15mm以上とする。

（7）　塗装の目的は，美観や識別などの美装と，材料の防せい・防水・耐薬品・防かびなどである。

（8）　エアスプレー方式の欠点は，塗膜が薄くなり，塗装時の周囲への飛散が多くなることである。

（9）　パテしごきとは，塗装の素地の凹凸や傷にパテを塗って平らにすることである。

（10）　配管識別において，暗い赤色はガスを表す。

第4編　製　　　図

流体を移送する配管の製図を理解するうえで，基礎的な知識として必要な日本工業規格[*1]（JIS）に定める図示法，投影図並びに各種の材料記号について述べる。

第1章　日本工業規格に定める図示法

ここでは，製図の一般的原則（製図通則）から管の接合部・装置などの簡略図示方法及び換気・排水系の末端装置の図示について述べる。

第1節　一　般　原　則

(1) 管などの図示法

管などを表す流れ線[*2]は（管の径には無関係に）管の中心線に一致する位置に1本の太い実線[*3]で表す。

曲がり部は，簡略化して流れ線を図4－1(a)に示すように頂点までまっすぐに伸ばしてもよい。ただし，より明確にするために，図(b)のように示してもよい。この場合に，曲がり部の投影がだ（楕）円で現れる場合であっても，これらの投影は，簡略化して円弧で描いてもよい。

図においてDNは標準サイズの管の呼び径を，また，φ60.3×7.5は管の外径と肉厚を表している。

[*1] 日本工業規格：JIS（Japanese Indastrial Standards）。配管製図は配管の簡略図示方法として，JIS B 0011－1～3：1998に規定されている。
[*2] 流れ線：入口もしくは出口の流れの流路，又は物質，エネルギーもしくはエネルギー媒体の流路を表したもの。
[*3] 実線：連続した線

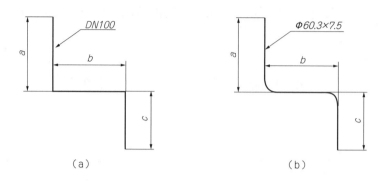

図4-1 曲がり部の図示法

(2) 尺度の表し方

a. 尺度の種類

尺度[*1]の種類には現尺,倍尺及び縮尺がある。

現尺は1:1の尺度で,尺度1:1のように示す。

倍尺は1:1より大きい尺度で,比が大きくなれば,"尺度が大きくなる"といい,尺度X:1のように示す。

縮尺は尺度の比が1:1より小さい尺度で,比が小さくなれば,"尺度が小さくなる"といい,尺度1:Xのように示す。

誤読のおそれがない場合には,"尺度"の文字を省いてもよい。

b. 図面への尺度の示し方

図面に用いる尺度は,図面の表題欄[*2]に記入する。1枚の図面にいくつかの尺度を用いる必要がある場合には,主となる尺度だけを表題欄に記入し,そのほかのすべての尺度は,関係する部品又は詳細図,断面図の近くに記入する。

c. 推奨尺度

製図に用いる推奨尺度を表4-1に示す。

表4-1 推奨尺度 (JIS Z 8314:1998)

種別	推奨尺度		
倍尺	50:1	20:1	10:1
	5:1	2:1	
現尺	1:1		
縮尺	1:2	1:5	1:10
	1:20	1:50	1:100
	1:200	1:500	1:1000
	1:2000	1:5000	1:10000

[*1] 尺度:図形の大きさ(長さ)と対象物の大きさ(長さ)との割合。
[*2] 表題欄:図面の管理上必要な事項,図面内容に関する定型的な事項などをまとめて記入する欄。

(3) 線の表し方

a．線の太さ

一般に1種類の太さの線だけを用いる。ただし，2種類以上の太さの線を用いなければならない場合には，線の太さの相対比 a：b：c ＝ 2：$\sqrt{2}$：1 とする。異なる太さの線は，次のように用いる。

　①線の太さ a：主流れ線

　②線の太さ b：二次流れ線

　③線の太さ c：引出線，寸法線など

b．線の種類

線の種類，呼び方及び線の適用を表4－2に示す。

表4－2　線の種類，呼び方及び線の適用（JIS B 0011-1：1998）

線の種類		呼び方	線の適用	
A	────	太い実線	A1	流れ線及び結合部品
B	────	細い実線	B1	ハッチング
			B2	寸法記入 （寸法線，寸法補助線）
			B3	引出線
			B4	等角格子線
C	～～～	フリーハンドの波形の細い実線	C1/D1	破断線 （対象物の一部を破った境界，又は一部を取り去った境界を表す。）
D	─⋀─⋀─	ジグザグの細い実線		
E	── ── ──	太い破線	E1	他の図面に明示されている流れ線
F	─ ─ ─ ─	細い破線	F1	床
			F2	壁
			F3	天井
			F4	穴（打抜き穴）
G	─・─・─	細い一点鎖線	G1	中心線
EJ	━・━・━	極太の一点鎖線[1]	EJ1	請負契約の境界
K	─‥─‥─	細い二点鎖線	K1	隣接部分の輪郭
			K2	切断面の手前にある形体

注1）　線の種類Gの4倍の太さ

c．線のすき間

平行な線相互（ハッチングを含む）のすき間は，最も太い線の太さの2倍以上とし，最小すき間は0.7mmとする。

(4) 文　　字

a．製図に用いる文字の基本事項

JIS Z 8313では，製図に用いる文字の基本事項は，次のように規定している。

(a)　読みやすいこと

文字は一字一字が正確に読めるように明りょうにはっきり書く。

(b)　均一であること

同じ大きさの文字は，その線の幅をなるべくそろえる。

(c) 図面のマイクロフィルム撮影や他の写真複写に適していること。

b．文字の種類と大きさ

文字の種類には，ローマ字，ギリシャ文字，数字，記号，平仮名，片仮名，漢字などがある。

文字の大きさの呼びは，大文字（頭文字）の外側輪郭の高さ(h)によって定める。

漢字：(3.5)，5，7，10，14，20mm

仮名：(2.5)，3.5，5，7，10，14，20mm

数字，ローマ字：2.5，3.5，5，7，10，14，20mm

（　）内の呼びの大きさは，複写方法によって適さない場合がある。

(5) 寸法記入

a．呼び径の記号

管の呼び径については，JISでは"A"又は"B"[1]の記号を数字の後に付して区分しているものもある。また短縮記号"DN"[2]を用いて図示してもよい。

図4－1(a)のDN100は呼び径100mmの管を表し，図4－1(b)のφ[3]60.3×7.5は管の外径(d)と肉厚(t)を表している。

b．曲がり部

曲がり部をもつ管は，一般に配管の中心線から中心線までの寸法を記入する。

管の外面の保護材の外側もしくは内側，又は管の表面の外側もしくは内側からの寸法を明記する必要がある場合には，寸法補助線[4]又は管を表す流れ線に平行に短く細い実線を添え，その線に矢印を当てて寸法を指定してもよい。

図4－2(a)に外側から外側までの，図(b)に内側から内側までの，図(c)に内側から外側の頂点までの寸法指示をそれぞれ示す。

（a）外側から外側　　（b）内側から内側　　（c）内側から外側

図4－2　管の保護材・管の表面からの寸法指示

---

*1　呼び径A又はB：管の呼び径Aはmm寸法，Bはインチ寸法の記号。
*2　DN：標準サイズ（nominal size）を表す。
*3　φ：マル又はファイと読み，外径を表す。
*4　寸法補助線：寸法線を引くために外形線から引き出した線をいう。

また，曲がり部の半径及び角度は図4－3に示すように指示してもよい。この場合，機能的な角度を指示する。ただし，一般に90°は指示しない。

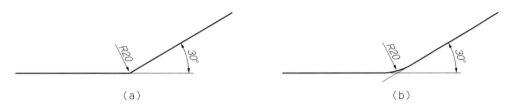

図4－3　曲がり部の半径及び角度指示

c．高さとこう配の方向

配管の高さは，一般に管の中心で示し，図4－4のように指示するのがよい。特別な場合として，管の下面までの高さを指定する必要がある場合には，図4－5(a)に示すように短く細い実線に当てた基準矢印で指示する。また，管の上面までの高さを指示する場合も同様に図4－5(c)に示すようにする。

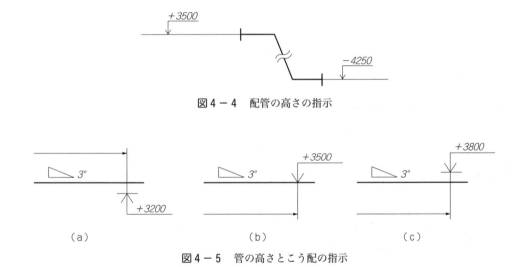

図4－4　配管の高さの指示

図4－5　管の高さとこう配の指示

こう配の方向は，直角三角形のとがった先が高いほうから低いほうを示すように，流れ線の上部に指示する。

傾斜している管の高さを，管の高いほうの端，もしくは低いほうの端，又はどこでも都合のよい点で，基準とする高さに関連させて明記すると有用な場合がある。図4－6にこう配の指示を示す。

図4－6　こう配の指示

第2節　管の接続部と装置の表示

(1) 配管の交差部及び接続部

a．接続していない交差部

接続していない交差部は，通常，陰に隠れた管を表す流れ線に切れ目を付けずに図4－7(a)のように交差させて描く。ただし，ある管がもう1本の管の背後を通らなければならないことを指示することが不可欠な場合には，陰に隠れた管を表す流れ線に切れ目を付けて図(b)のように示す。それぞれの切れ目の幅は，図(c)に示すように，実線の太さの5倍以上とする。

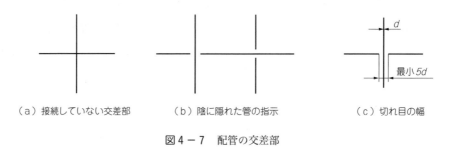

（a）接続していない交差部　　（b）陰に隠れた管の指示　　（c）切れ目の幅

図4－7　配管の交差部

b．永久結合部

溶接又は他の工法による永久結合部は，図4－8に示すように，目立つ大きさの点で表す。点の直径は，線の太さの5倍とする。

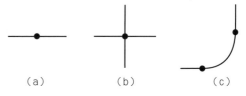

図4－8　永久結合部の指示

(2) 装置の表示

a．管継手

ノズル，T，ベンドのような管継手は，流れ線と同じ太さの線で描くのがよい。

横断面を変えるための変換部品は図4－9に示すように図示する。その呼び径は，記号の上部に指示する。

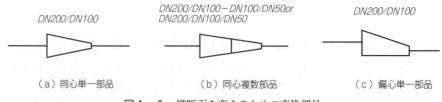

（a）同心単一部品　　（b）同心複数部品　　（c）偏心単一部品

図4－9　横断面を変えるための変換部品

b．支持装置及びつり金具

図4－10につり金具の表示例を示す。支持装置の場合にも同じ記号を用いるのが望ましいが，向き

が逆になることはいうまでもない。

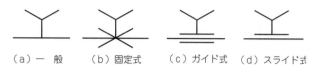

図4-10　つり金具

繰り返し用いられる付属物を表す場合には，図4-11に示すように簡略化してもよい。

図4-11　繰り返し用いられる付属物

また，必要であれば，支持装置及びつり金具の種類についての，より多くの情報を表す英数字記号に通し番号を付けて，図4-12に示すように示してもよい。通し番号を付けられた記号は，図面上又は付属文書中に明示しなければならない。

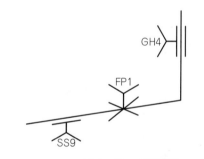

FP1：固定点 No.1
SS9：スライド式支持装置 No.9
GH4：ガイド式つり金具 No.4

図4-12　支持装置，つり金具などの表示例

c．付帯設備

　保温・保冷，被覆などの付帯設備を書き入れて明示してもよい。

d．隣接設備

　必要ならば，配管自体に含まれないタンク，機械類のような隣接装置は，図4-13に示すように細い二点鎖線（表4-2の線の種類K）を用いて，それらの輪郭を図示してもよい。

e．流れの方向

　流れの方向は，流れ線上又はバルブを表す図記号の近くに矢印で図4-14に示すように指示する。

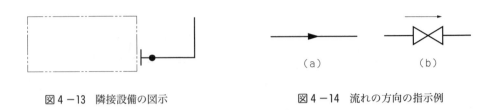

図4-13 隣接設備の図示　　　　　図4-14 流れの方向の指示例

第3節　換気系及び排水系の末端装置の図示方法

(1) 換気・排水系の末端装置

配管系の換気及び排水の末端装置の製図に用いる簡略図示を表4-3に示す。

No.1～No.9の末端装置は，それぞれ正面図と平面図で示してある。No.10の末端装置は，ダクト内に一定方向に置かれたベーン*に適用される。また，10.1は，ベーンが2組のベントダクトを示し，10.2は，ベーンが1組で向きが反対のT分岐ダクトを示す。

表4-3　換気・排水系の末端装置の簡略図示

No.	名称	簡略図示	
		正面図	平面図
1	排水口	1.1	1.2
2	栓付き排水口	2.1	2.2
3	防臭装置及び栓付き排水口	3.1	3.2
4	空気管（グースネック）	4.1	4.2
5	壁付き換気笠	5.1	5.2
6	マッシュルーム形換気装置 備考　適用可能ならば，"スクリーン付き"と指示する	6.1	6.2
7	閉鎖装置付マッシュルーム形換気装置 備考　適用可能ならば，"スクリーン付き"と指示する	7.1	7.2

＊　ベーン：ダクト内に設ける羽根。

(つづき)

No.	名称	簡略図示 正面図	簡略図示 平面図
8	固定式換気笠	8.1	8.2
9	回転式換気笠 出口又は排気口 入口又は給気口	9.1	9.2
10	流れ線（管又はダクト）内に一定方向に置かれたベーン 備考　斜めの線分はベーンの位置を指示し，この線分に垂直な短い（平行）線はベーンの数を指示する。	10.1 10.2	

【練　習　問　題】

次の文章の中で，正しいものには○印を，誤っているものには×印をつけなさい。

（1）　管などを表す流れ線は，管の中心線に一致する位置に1本の太い実線で表す。

（2）　尺度の表し方で，倍尺は，尺度1：X，縮尺は，尺度X：1のように示す。

（3）　2種類以上の太さの線を用いて図示する場合の線の太さの相対比a：b：cは，2：$\sqrt{2}$：1とする。

（4）　管の寸法記入で，管の直径はA又はB記号で，管の内径はDN記号で表す。

（5）　こう配の方向は，直角三角形のとがった先が高いほうから低いほうを示すように，流れ線の上部に指示する。

（6）　接続していない交差部の流れ線の切れ目の幅は，実線の太さの5倍以上とする。

（7）　溶接による永久結合部の表し方で，点の直径は線の太さの2倍とする。

（8）　図Aは，スライド式のつり金具である。

（9）　図Bは，壁付き換気笠の正面図と平面図の簡略図示である。

（10）　図Cは，玉形弁の図記号である。

図A　　　　　　　正面図　　平面図　　　　図C
　　　　　　　　　　　図B

第2章　等角投影図

ここでは，配管，管継手，バルブなどを定められた図記号を用いて，明確に表示する場合に用いる等角投影図[*1]について述べる。

第1節　座標軸方向以外の配管の図示方法

(1) 一　般

座標軸[*2]に平行に走る管又は管の部分は，特別な指示は行わずにその軸に平行に描く。座標軸方向以外の方向に斜行する管又は管の部分の場合には，図4-15に示すようにハッチング[*3]を施した補助投影面を用いて表すことが望ましい。

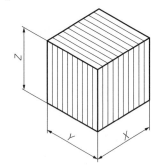

図4-15　座標軸方向以外の一般的配管の図示法

(2) 鉛直面内の管

鉛直面[*4]内で斜行する管又は管の部分は，図4-16(a)に示すように水平面上にその投影を示すことによって表す。

(3) 水平面内の管

水平面内で斜行する管又は管の部分は，図4-16(b)に示すように鉛直面上にその投影を示すことによって表す。

(4) どの座標にも平行でない管

どの座標に対しても平行でない管又は管の部分は，図4-16(c)に示すように，水平面上及び鉛直面上の両方にその投影を示すことによって表す。

---

*1　等角投影図：立方体を撮影したとき，3つの側辺がそれぞれ120°に交わり，輪郭が正六角になるような投影図をいう。
*2　座標軸：座標を決めるための基準となる。原点Oで，互いに直交するX軸，Y軸，Z軸の3軸をいう。
*3　ハッチング：図面において，断面であることを表示する。細い実線で中心線に対して45°に等間隔に描く。
*4　鉛直面：地表面に対して直角に立つ面をいう。

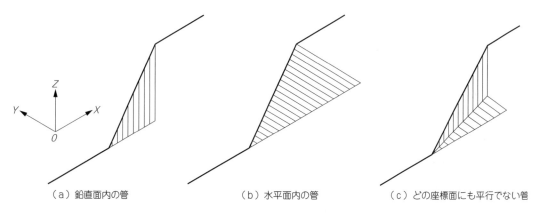

(a）鉛直面内の管　　　　　　（b）水平面内の管　　　　　（c）どの座標面にも平行でない管

図4－16　座標軸方向以外の配管の図示方法

（5）補助投影面

補助投影面*の境界は三角形の直角部を用いて表すのが望ましい。

補助投影面はハッチングによって強調してもよい。この場合のハッチングは水平な補助投影面についてはX軸又はY軸に平行に，それ以外の補助投影面については鉛直に施す（図4－15，16参照）。

このようなハッチングが不便な場合には省略してもよいが，その場合には細い実線（表4－2の線の種類B）を用いて，図4－17のように長方形(a)又は直方体(b)を示すのがよい。このとき，長方形又は直方体の対角線が管に相当するように描く。

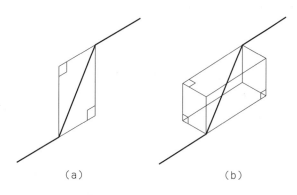

（a）　　　　　　　（b）

図4－17　ハッチングの省略

＊　補助投影面：斜面の実形を示す必要があるとき，その斜面に対向する位置に，必要部分だけ描いた図。

第2節　寸法記入及び特別な規則

配管の等角投影については，以下に規定する特別な規則がある。

（1）直径及び肉厚

管の外径(d)及び肉厚(t)は，図4−18に示すように指示してもよい。呼び寸法は，短縮記号"DN"を用いて指示してもよい。

（2）長さ及び角度寸法

長さ及び角度寸法は，それが適切な場合にはいつも，管の末端部の外表面，フランジ面又は継手の中心からとする。

（3）曲がり部をもつ管

曲がり部をもつ管は，中心線から中心線までの寸法，又は中心線から管の末端部までの寸法を記入する（図4−18参照）。

（4）曲がり部の半径及び角度

曲がり部の半径及び角度は，図4−19に示すように機能的な角度を指示しなければならない。

なお，曲がり部は簡略化し，管を表した線を頂点までまっすぐのばしてもよい。しかし，より明確に表すために実際に曲がり部を示してもよい。このとき曲がり部の投影をだ円で表すべき場合でも，これらの投影は，簡略化して円弧で描いてもよい。

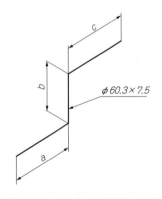
図4−18　直径及び肉厚の指示法

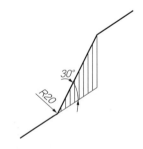
図4−19　曲がり部の半径及び角度の図示

（5）配管の高さ

配管の高さは図4−20のように指示することが望ましい。

引出線[*1]の水平部は，その流れ線の方向と同じにしなければならない。

(6) こう配の方向

こう配の方向は，直角三角形のとがった先が管の高いほうから低いほうを示すように，流れ線の等角方向を変えず線の上側に示す。

こう配の大きさは図4-21に示すように指示する。この場合，こう配は基準とする高さに関連させて指定すると有用な場合がある。

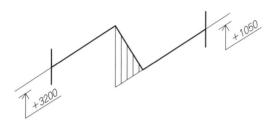

図4-20　配管の高さの図示

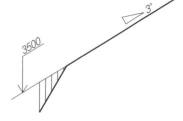

図4-21　こう配の方向と大きさ

(7) 管の末端部の位置

必要であれば，管の末端部の位置を端面の中心を示す座標[*2]によって指定してもよい。隣接する図面がある場合には，参照することを記載するのがよい。

(8) 重複寸法の記入

必要であれば，図4-22に示すように，ハッチングを施した補助投影面の寸法を記入することができる。

製造上や技術上の理由から寸法を重複して記入する必要がある場合には，その一方を括弧内に指示するのがよい。

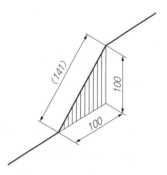

図4-22　重複寸法の記入

第3節　図　記　号

配管系に対する図記号は，規格によるものを等角投影法を用いて描かなければならない。

(1) バルブ

バルブアクチュエータ（バルブを開閉する手段）は，アクチュエータの位置又は種類（スピンドル[*3]，ピストン[*4]など）を明示する必要がある場合にだけ示すのがよい。

[*1]　引出線：記述，記号などを示すために斜めに引き出す線。すなわち書き入れの該当箇所を示す線。
[*2]　座標：直線上，平面上，空間内などで主として点の位置を表すため，他の標準との関係において示す数又は数の組をその点の座標という。
[*3]　スピンドル：工作機械の部品の1つで，軸端が工作物又は切削工具の取付けに用いられる回転軸で，主軸ともいう。
[*4]　ピストン：流体の圧力を直接受け，シリンダ内を往復運動し，クランク軸や他の機構に運動を伝える部品。

バルブアクチュエータを表示する場合には，いずれかの座標に平行なアクチュエータには寸法を記入する必要はない。

等角投影法で描いたバルブの図を図4-23に示す。座標に平行ではない場合には，図(b)に示すように，傾きを指示するのがよい。

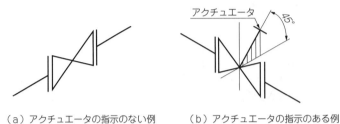

（a）アクチュエータの指示のない例　　（b）アクチュエータの指示のある例

図4-23　バルブの指示

(2) レジューサ

レジューサ（径違い継手）を等角投影法で図示すると図4-24のようになる。部品の呼び径は，図記号の上部に指示する。

(3) 支持装置及びつり金具

図4-25(a)はガイド式を，図(b)は固定式のつり金具を等角投影法で指示したものである。

(4) 交差部

交差部は第1章第2節，(1)で述べたところによって示す。

ある管がもう1本の管の背後を通らなければならないことを明示することが不可欠な場合には，図4-26に示すように陰に隠れた管を表す流れ線に切れ目を付ける。各切れ目の幅は，実線の太さの5倍以上とする。

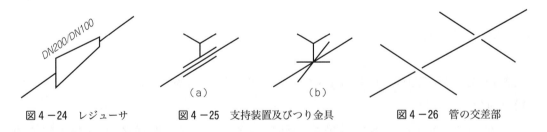

図4-24　レジューサ　　　　図4-25　支持装置及びつり金具　　　　図4-26　管の交差部

(5) 結合部

図4-27(a)は接続の種類又は型が指定されていない場合の例で，このような一般的な記号を用いるのが望ましい。図(b)は溶接による永久結合部を，また図(c)は現場溶接による永久結合部の指示の例である。

（6）フランジ

図4-28にフランジの等角投影法による指示を示す。図(a)はフランジによる接続を，図(b)は末端フランジを表している。

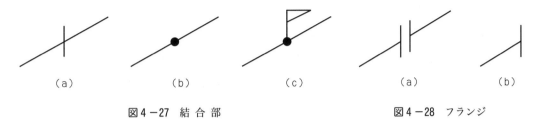

（a）　　　（b）　　　（c）　　　　　（a）　　　　（b）

図4-27　結　合　部　　　　　　図4-28　フランジ

（7）配管図の例

図4-29は，一般的な配管を等角投影法で表したものである。

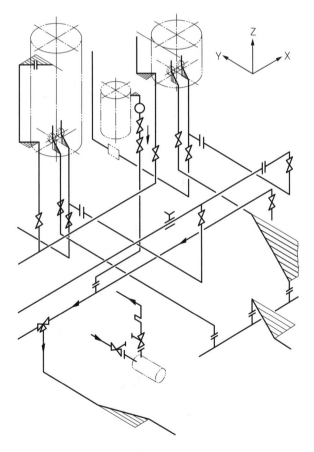

図4-29　等角投影法で表した配管図

【練習問題】

次の文章の中で，正しいものには○印を，誤っているものには×印をつけなさい。

（1） 座標軸に平行に走る管は，特別な指示は行わずにその軸に平行に描く。
（2） 鉛直面内で斜行する管は，水平面上にその投影を示すことによって表す。
（3） 水平面内で斜行する管は，水平面上にその投影を示すことによって表す。
（4） 水平な補助投影面に用いるハッチングは，X軸又はY軸に平行に施す。
（5） 管の外径はA，肉厚はB記号で表す。
（6） 曲がり部の半径及び角度の投影をだ円で表すべき場合は，簡略化して円弧で描いてはいけない。
（7） 配管の高さを表す場合の引出線の水平部は，その流れ線の方向と同じにしなければならない。
（8） こう配の方向は，直角三角形のとがった先が管の低いほうから高いほうを示すように，流れ線の上側に示す。
（9） 図Aは，標準サイズ200mmと100mmの径違い継手を示す。
（10） 図Bは，現場溶接による永久結合部を表す。

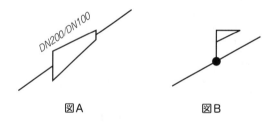

図A　　　　　　図B

第3章　材　料　記　号

　ここでは，鉄鋼材料と非鉄金属材料の製図に用いる材料記号並びに配管に使用する管材の記号について述べる。

第1節　鉄鋼記号の表し方

(1) 鉄鋼材料の分類

　鉄鋼材料の規格は，まず鉄と鋼に大別し，さらに鉄は銑鉄，合金鉄及び鋳鉄に，鋼は普通鋼，特殊鋼及び鋳鍛鋼に分類している。なお普通鋼は形鋼，棒鋼，厚板，薄板，鋼管，線材及び線のように形状別，用途別に，特殊鋼は強じん鋼，工具鋼，特殊用途鋼のように性状別に，鋼管は鋼種，用途別に，ステンレス鋼は形状別にそれぞれ細分類している。これらの分類を表4－4に示す。

表4－4　鉄鋼材料の分類

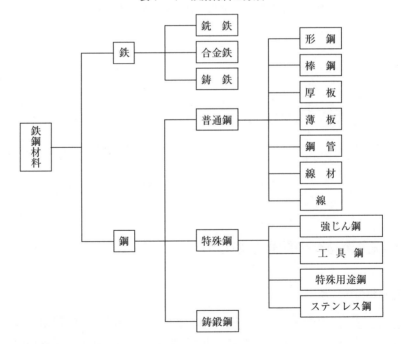

注：鉄はF（Ferrum　フェルム）で表されるグループ。
　：鋼はS（Steel　スチール）で表されるグループ。

(2) 材料記号の構成

材料記号は，基本的に3つのブロックによって構成される。

　　　①第1位　　　②第2位　　　③第3位
　　　[材質]　　　[規格又は製品名]　　　[種類]

① 第1位の記号は，英語又はローマ字の頭文字，もしくは元素記号を用いて材質を表しているので原材料など特別なものを除き，鉄鋼材料ではS（Steel，鋼）又はF（Ferrum，鉄）で始まるのが大部分である。

② 第2位は，英語又はローマ字の頭文字を使って，板・管・線・鍛造品などの製品の形状別の種類や用途を表した記号を組み合わせて製品名を表す。

1）形状によるもの：P（Plate：板），T（Tube：管）など。

2）用途によるもの：U（Special-Use：特殊用途），K（Kōgu：工具）など。

3）製品によるもの：C（Casting：鋳造品），F（Forging：鍛造品）など。

4）添加元素によるもの：NC（Nickel Chromium：ニッケルクロム鋼），
　　CM（Chromium Molybdenum：クロムモリブデン鋼）など。

③ 第3位は，材料の種類番号の数字，最低引張強さ又は耐力を表している。

材料記号の表示例を次に示す。

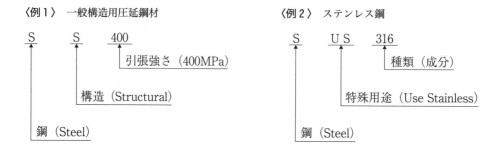

〈例1〉 一般構造用圧延鋼材　　　　〈例2〉 ステンレス鋼

第2節　非鉄金属材料の記号と表し方

(1) 非鉄金属材料の表し方

非鉄金属材料（ただし，伸銅品，アルミニウム展伸材を除く）記号は，鉄鋼材料とまったく同じ3つのブロックから成り立つ。すなわち，[材質―規格]又は[製品名―種類]の順に表す。

なお，材料の質別を示すときは，材料記号の後に短線を引き質別記号を付ける。表4－5に質別記号を示す。

第3章 材料記号　179

表4－5　質別記号

記　号	記号の意味	記　号	記号の意味
－O	軟　質	－H	硬　質
－OL	軽軟質	－EH	特硬質
－1/2H	半硬質	－SH	ばね質

材料記号の表示例を次に示す。

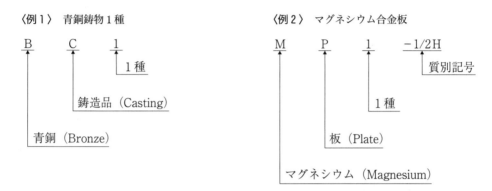

〈例1〉青銅鋳物1種　　　　　　　〈例2〉マグネシウム合金板

（2）伸銅品及びアルミニウム展伸材の表し方

　伸銅品及びアルミニウム展伸材の表示は，鉄鋼や他の非鉄金属材料と異なり，材質を示す記号と4けたの数字を用いて表す。記号は次の4つのブロックから成り立つ。

① 第1位は，材質を表す記号。伸銅品はC，アルミニウム展伸材はAを用いる。
② 第2位の数字（4桁けたの最初の数字）は両者とも，主要添加元素による合金の系統を示す（表4－6参照）。
③ 第3位の数字は，両者ともアメリカ規格の合金番号を用いる。
④ 第4位は，材料の形状を表す記号である。

材料記号の表示例を次に示す。

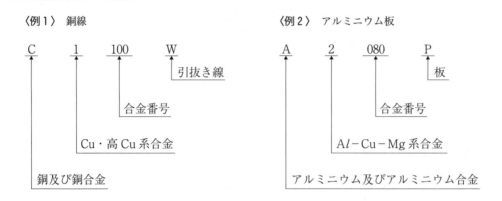

表4－6 主要添加元素による合金の系統番号（第2位に示される）

伸銅品	アルミニウム展伸材
1：Cu・高Cu系合金	1：アルミニウム純度99.00％又はそれ以上の純アルミニウム
2：Cu−Zn系合金	2：Al−Cu−Mg系合金
3：Cu−Zn−Pb系合金	3：Al−Mn系合金
4：Cu−Zn−Sn系合金	4：Al−Si系合金
5：Cu−Sn系合金・Cu−Sn−Pb系合金	5：Al−Mg系合金
6：Cu−Al系合金・Cu−Si系合金・特殊Cu−Zn系合金	6：Al−Mg−Si系合金
7：Cu−Ni系合金・Cu−Ni−Zn系合金	7：Al−Zn−Mg系合金
	8：上記以外の系統の合金

第3節　管のJIS記号

配管に用いる各種管のJIS記号を表4－7に示す。

表4－7　各種管のJIS記号

	名称	記号		名称	記号
1	配管用炭素鋼鋼管	SGP	14	銅及び銅合金継目無管	C
2	水配管用亜鉛めっき鋼管	SGPW	15	一般工業用鉛及び鉛合金管	PbT
3	高圧配管用炭素鋼鋼管	STS	16	硬質ポリ塩化ビニル管	VP, VM, VU
4	圧力配管用炭素鋼鋼管	STPG	17	水道用硬質ポリ塩化ビニル管	VP
5	高温配管用炭素鋼鋼管	STPT	18	耐衝撃性硬質ポリ塩化ビニル管	HIVP
6	配管用アーク溶接炭素鋼鋼管	STPY	19	耐熱性硬質ポリ塩化ビニル管	HT
7	配管用合金鋼鋼管	STPA	20	一般用ポリエチレン管	PE
8	低温配管用鋼管	STPL	21	架橋ポリエチレン管	PEX
9	配管用ステンレス鋼鋼管	SUS-TP	22	水道用ポリエチレン二層管	PEW
10	一般配管用ステンレス鋼鋼管	SUS-TPD	23	ポリブテン管	PB
11	ポリエチレン被覆鋼管	P	24	鉄筋コンクリート管	RC
12	ダクタイル鋳鉄管	FCD	25	遠心力鉄筋コンクリート管	RC
13	排水用鋳鉄管	CIP			

【練 習 問 題】

次の文章の中で，正しいものには○印を，誤っているものには×印をつけなさい。
（1） 鉄鋼材料記号は基本的に第1位は材質，第2位は種類，第3位は規格又は製品名より構成されている。
（2） 鉄鋼材料記号の第2位の形状による記号で，Pは板，Tは管を表す。
（3） 材料記号で，SUS316のSは鋼，USは特殊用途，316は種類を表す。
（4） 伸銅品の材質を表す記号で，第1位のC記号は伸銅品を表す。
（5） 管のJIS記号で，STPGとは高温配管用炭素鋼鋼管を表す。

第5編　関　係　法　規

建築基準法第2条（用語の定義）において，建築設備とは，「建築物（土地に定着する工作物のうち屋根及び柱若しくは壁を有するものをいい，建築設備を含む。）に設ける電気，ガス，給水，排水，換気，暖房，冷房，消火，排煙若しくは汚物処理の設備又は煙突，昇降機若しくは避雷針をいう」と定義されている。

これら建築設備を関連づける工事の中に多かれ少なかれ配管作業が入ってくる。

ここでは，配管作業に関連があると思われる国で定めた法規の中で，重要なものについてだけ述べる。なお，作業に関しての安全衛生関係に関する規定については，「第6編　安全衛生」に掲載した。

第1章　関係法令の目的

配管工事に関する法令の目的を知り，それを理解することで，法令の基本の考え方を理解しておく必要がある。

(1) 建築基準法（昭和25年法律第201号）の目的

建築基準法ではその目的を，建築物の敷地，構造，設備及び用途に関する最低の基準を定めて，国民の生命，健康及び財産の保護を図り，もって公共の福祉の増進に資することと定めている。

(2) 高圧ガス保安法（昭和26年法律第204号）の目的

高圧ガス保安法ではその目的を，高圧ガスによる災害を防止するため，高圧ガスの製造，貯蔵，販売，移動その他の取扱及び消費並びに容器の製造及び取扱を規制するとともに，民間事業者及び高圧ガス保安協会による高圧ガスの保安に関する自主的な活動を促進し，もって公共の安全を確保することと定めている。

なお，高圧ガス取締法は，平成8年に高圧ガス保安法と改名された。

(3) 消防法（昭和23年法律第186号）の目的

消防法はその目的を，火災を予防し，警戒し及び鎮圧し，国民の生命，身体及び財産を火災から保護するとともに，火災又は地震等の災害による被害を軽減するほか，災害等による傷病者の搬送を適切に行い，もって安寧秩序を保持し，社会公共の福祉の増進に資することと定めている。

（4）ガス事業法（昭和29年法律第51号）の目的

　ガス事業法ではその目的を，ガス事業の運営を調整することによって，ガスの使用者の利益を保護し，及びガス事業の健全な発達を図るとともに，ガス工作物の工事，維持及び運用並びにガス用品の製造及び販売を規制することによって，公共の安全を確保し，あわせて公害の防止を図ることと定めている。

（5）電気事業法（昭和39年法律第170号）の目的

　電気事業法ではその目的を，電気事業の運営を適正かつ合理的ならしめることによって，電気の使用者の利益を保護し，及び電気事業の健全な発達を図るとともに，電気工作物の工事，維持及び運用を規制することによって，公共の安全を確保し，及び環境の保全を図ることと定めている。

（6）液化石油ガスの保安の確保及び取引の適正化に関する法律（昭和42年法律第149号）の目的

　液化石油ガスの保安の確保及び取引の適正化に関する法律ではその目的を，一般消費者等に対する液化石油ガスの販売，液化石油ガス器具等の製造及び販売等を規制することにより，液化石油ガスによる災害を防止するとともに液化石油ガスの取引を適正にし，もって公共の福祉を増進することと定めている。

（7）水道法（昭和32年法律第177号）の目的

　水道法ではその目的を，水道の布設及び管理を適正かつ合理的ならしめるとともに，水道を計画的に整備し，及び水道事業を保護育成することによって，清浄にして豊富低廉な水の供給を図り，もって公衆衛生の向上と生活環境の改善とに寄与することと定めている。

（8）下水道法（昭和33年法律第79号）の目的

　下水道法ではその目的を，流域別下水道整備総合計画の策定に関する事項並びに公共下水道，流域下水道及び都市下水路の設置その他の管理の基準等を定めて，下水道の整備を図り，もって都市の健全な発達及び公衆衛生の向上に寄与し，あわせて公共用水域の水質の保全に資することと定めている。

（9）廃棄物の処理及び清掃に関する法律（昭和45年法律第137号）の目的

　廃棄物の処理及び清掃に関する法律ではその目的を，廃棄物の排出を抑制し，及び廃棄物の適正な分別，保管，収集，運搬，再生，処分等の処理をし，並びに生活環境を清潔にすることにより，生活環境の保全及び公衆衛生の向上を図ることと定めている。

(10) フロン類の使用の合理化及び管理の適正化に関する法律（平成13年法律第64号）の目的

　フロン類の使用の合理化及び管理の適正化に関する法律ではその目的を，人類共通の課題であるオゾン層の保護及び地球温暖化（地球温暖化対策の推進に関する法律（平成10年法律第117号）第二条第1項に規定する地球温暖化をいう。以下同じ。）の防止に積極的に取り組むことが重要であることに鑑み，オゾン層を破壊し又は地球温暖化に深刻な影響をもたらすフロン類の大気中への排出を抑制するため，フロン類の使用の合理化及び特定製品に使用されるフロン類の管理の適正化に関する指針

並びにフロン類及びフロン類使用製品の製造業者等並びに特定製品の管理者の責務等を定めるとともに，フロン類の使用の合理化及び特定製品に使用されるフロン類の管理の適正化のための措置等を講じ，もって現在及び将来の国民の健康で文化的な生活の確保に寄与するとともに人類の福祉に貢献することと定めている。

【練 習 問 題】

次の文章の中で，正しいものには○印を，誤っているものには×印をつけなさい。
（1） 建築基準法の目的では，建築物の敷地，構造，設備及び用途に関する最低の基準を定め，国民の生命，健康及び財産の保護については定めていない。

第2章　給排水衛生設備

配管工事のうち，給排水衛生設備に関しての配管工事については，特別に規制されているので，この部分の工事を行う場合には，十分配慮して行う必要がある。

第1節　給水設備

給水設備に係る構造や材料等については水道法等関係法令に，また配管の構造等に関する具体的な規定は，建築基準法施行令等に規定されている。

1．1　給水装置の構造及び材質，工事

【水道法第16条】

水道事業者は，当該水道によって水の供給を受ける者の給水装置の構造及び材質が，政令で定める基準に適合していないときは，供給規定の定めるところにより，その者の給水契約の申込を拒み，又はその者が給水装置をその基準に適合させるまでの間その者に対する給水を停止することができる。

【水道法第16条の2】

水道事業者は，当該水道によって水の供給を受ける者の給水装置の構造及び材質が前条の規定に基づく政令で定める基準に適合することを確保するため，当該水道事業者の給水区域において給水装置工事を適正に施行することができると認められる者の指定をすることができる。

2　水道事業者は，前項の指定をしたときは，供給規程の定めるところにより，当該水道によって水の供給を受ける者の給水装置が当該水道事業者又は当該指定を受けた者（以下「指定給水装置工事事業者」という。）の施行した給水装置工事に係るものであることを供給条件とすることができる。

3　前項の場合において，水道事業者は，当該水道によって水の供給を受ける者の給水装置が当該水道事業者又は指定給水装置工事事業者の施行した給水装置工事に係るものでないときは，供給規程の定めるところにより，その者の給水契約の申込みを拒み，又はその者に対する給水を停止することができる。ただし，厚生労働省令で定める給水装置の軽微な変更であるとき，又は当該給水装置の構造及び材質が前条の規定に基づく政令で定める基準に適合していることが確認されたときは，この限りでない。

【水道法施行令（以下「水道令」という。）第5条】

法第16条の規定による給水装置の構造及び材質は，次のとおりとする。

一　配水管への取付口の位置は，他の給水装置の取付口から30cm以上離れていること。

二　配水管への取付口における給水管の口径は，当該給水装置による水の使用量に比し，著しく過

大でないこと。
　三　配水管の水圧に影響を及ぼすおそれのあるポンプに直接連結されていないこと。
　四　水圧，土圧その他の荷重に対して十分な耐力を有し，かつ，水が汚染され，又は漏れるおそれがないものであること。
　五　凍結，破壊，侵食等を防止するための適当な措置が講ぜられていること。
　六　当該給水装置以外の水管その他の設備に直接連結されていないこと。
　七　水槽，プール，流しその他水を入れ，又は受ける器具，施設等に給水する給水装置にあっては，水の逆流を防止するための適当な措置が講ぜられていること。
2　前項各号に規定する基準を適用するについて必要な技術的細目は，厚生労働省令で定める。

1．2　建築物に設ける給水，配管設備の設置及び構造

【建基令第129条の2の5抜粋】
　建築物に設ける給水，排水その他の配管設備の設置及び構造は，次に定めるところによらなければならない。
　一　コンクリートへの埋設等により腐食するおそれのある部分には，その材質に応じ有効な腐食防止のための措置を講ずること。
　二　構造耐力上主要な部分を貫通して配管する場合においては，建築物の構造耐力上支障を生じないようにすること。
　三　エレベーターの昇降路内に設けないこと。ただし，エレベーターに必要な配管設備の設置及び構造は，この限りではない。
　四　圧力タンク及び給湯設備には，有効な安全装置を設けること。
　五　水質，温度その他の特性に応じて安全上，防火上及び衛生上支障のない構造とすること。
　六～八　（略）
2　構築物に設ける飲料水の配管設備（水道法第3条第9項に規定する給水装置に該当する配管設備を除く。）の設置及び構造は，前項の規定によるほか，次に定めるところによらなければならない。
　一　飲料水の配管設備（これと給水系統を同じくする配管設備を含む。この号から第三号までにおいて同じ。）とその他の配管設備とは，直接連結させないこと。
　二　水槽，流しその他水を入れ，又は受ける設備に給水する飲料水の配管設備の水栓の開口部にあっては，これらの設備のあふれ面と水栓の開口部との垂直距離を適当に保つ等有効な水の逆流防止のための措置を講ずること。
　三　飲料水の配管設備の構造は，次に掲げる基準に適合するものとして，国土交通大臣が定めた構造方法を用いるもの又は国土交通大臣の認定を受けたものであること。
　　イ　当該配管設備から漏水しないものであること。

ロ　当該配管設備から溶出する物質によって汚染されないものであること。
四　給水管の凍結による破壊のおそれのある部分には，有効な防凍のための措置を講ずること。
五　給水タンク及び貯水タンクは，ほこりその他衛生上有害なものが入らない構造とし，金属性のものにあっては，衛生上支障のないように有効なさび止めのための措置を講ずること。
六　前各号に定めるもののほか，安全上及び衛生上支障のないものとして国土交通大臣が定めた構造方法を用いるものであること。

【昭和50年12月20日建設省告示第1597号，改正第1406号抜粋】
　建築基準法施行令第129条の2の5第2項第六号及び第3項第五号の規定に基づき，建築物に設ける飲料水の配管設備及び排水のための配管設備を安全上及び衛生上支障のない構造とするための構造方法を次のように定める。
第1　飲料水の配管設備の構造は，次に定めるところによらなければならない。
　一　給水管
　　イ　ウォーターハンマーが生ずるおそれがある場合においては，エアチャンバーを設ける等有効なウォーターハンマー防止のための措置を講ずること。
　　ロ　給水立て主管からの各階への分岐管等主要な分岐管には，分岐点に近接した部分で，かつ，操作を容易に行うことができる部分に止水弁を設けること。
　二　給水タンク及び貯水タンク
　　イ　建築物の内部，屋上又は最下階の床下に設ける場合においては，次に定めるところによること。
　　（1）　外部から給水タンク又は貯水タンク（以下「給水タンク等」という。）の天井，底又は周壁の保守点検を容易かつ安全に行うことができるように設けること。
　　（2）　給水タンク等の天井，底又は周壁は，建築物の他の部分と兼用しないこと。
　　（3）　内部には，飲料水の配管設備以外の配管設備を設けないこと。
　　（4）　内部の保守点検を容易かつ安全に行うことができる位置に，次に定める構造としたマンホールを設けること。ただし，給水タンク等の天井がふたを兼ねる場合においては，この限りでない。
　　　（い）内部が常時加圧される構造の給水タンク等（圧力タンク等）に設ける場合を除き，ほこりその他衛生上有害なものが入らないように有効に立ち上げること。
　　　（ろ）直径60cm以上の円が内接することができるものとすること。ただし，外部から内部の保守点検を容易かつ安全に行うことができる小規模な給水タンク等にあっては，この限りではない。
　　（5）　（4）のほか，水抜管を設ける等内部の保守点検を容易に行うことができる構造とすること。

（6）　圧力タンク等を除き，ほこりその他衛生上有害なものが入らない構造のオーバーフロー管を有効に設けること。

　（7）　最下階の床下その他浸水によりオーバーフロー管から水が逆流するおそれのある場所に給水タンク等を設置する場合にあっては，浸水を容易に覚知することができるよう浸水を検知し警報する装置の設置その他の措置を講じること。

　（8）　圧力タンク等を除き，ほこりその他衛生上有害なものが入らない構造の通気のための装置を有効に設けること。ただし，有効容量が2㎥未満の給水タンク等については，この限りでない。

　（9）　給水タンク等の上にポンプ，ボイラー，空気調和機等の機器を設ける場合においては，飲料水を汚染することのないように衛生上必要な措置を講ずること。

ロ　イの場合以外の場所に設ける場合においては，次に定めるところによること。

　（1）　給水タンク等の底が地盤面下にあり，かつ，当該給水タンク等からくみ取便所の便槽，し尿浄化槽，排水管（給水タンク等の水抜管又はオーバーフロー管に接続する排水管を除く。），ガソリンタンクその他衛生上有害な物の貯溜又は処理に供する施設までの水平距離が5m未満である場合においては，イの（1）及び（3）から（8）までに定めるところによること。

　（2）　（1）の場合以外の場合においては，イの（3）から（8）までに定めるところによること。

2　構築物に設ける飲料水の配管設備（水道法第3条第9項に規定する給水装置に該当する配管設備を除く。）の設置及び構造は，前項の規定によるほか，次に定めるところによらなければならない。

　一　飲料水の配管設備（これと給水系統を同じくする配管設備を含む。この号から第三号までにおいて同じ。）とその他の配管設備とは，直接連結させないこと。

　二　水槽，流しその他水を入れ，又は受ける設備に給水する飲料水の配管設備の水栓の開口部にあっては，これらの設備のあふれ面と水栓の開口部との垂直距離を適当に保つ等有効な水の逆流防止のための措置を講ずること。

　三　飲料水の配管設備の構造は，次に掲げる基準に適合するものとして，国土交通大臣が定めた構造方法を用いるもの又は国土交通大臣の認定を受けたものであること。

　　イ　当該配管設備から漏水しないものであること。

　　ロ　当該配管設備から溶出する物質によって汚染されないものであること。

　四　給水管の凍結による破壊のおそれのある部分には，有効な防凍のための措置を講ずること。

　五　給水タンク及び貯水タンクは，ほこりその他衛生上有害なものが入らない構造とし，金属性のものにあっては，衛生上支障のないように有効なさび止めのための措置を講ずること。

　六　前各号に定めるもののほか，安全上及び衛生上支障のないものとして国土交通大臣が定めた

構造方法を用いるものであること。

第2節　排　水　設　備

　排水設備に係る構造や材料等については下水道法等関係法令に，また下水配管の構造等に関する具体的な規定は，建築基準法施行令等に規定されている。

2．1　排水設備の設置等

【下水道法第10条抜粋】
　公共下水道の供用が開始された場合においては，当該公共下水道の排水区域内の土地の所有者，使用者又は占有者は，遅滞なく，次の区分に従って，その土地の下水を公共下水道に流入させるために必要な排水管，排水渠（はいすいきょ）その他の排水施設（以下「排水設備」という。）を設置しなければならない。（以下略）
2　前項の規定により設置された排水設備の改築又は修繕は，同項の規定によりこれを設置すべき者が行うものとし，その清掃その他の維持は，当該土地の占有者（中略）が行うものとする。
3　第1項の排水設備の設置又は構造については，建築基準法その他の法令の規定の適用がある場合においてはそれらの法令の規定によるほか，政令で定める技術上の基準によらなければならない。

【下水道法施行令（以下「下水道令」という。）第8条抜粋】
　法第10条第3項に規定する政令で定める技術上の基準は，次のとおりとする。
　一　排水設備は，公共下水道管理者である地方公共団体の条例で定めるところにより，公共下水道のますその他の排水施設又は他の排水設備に接続させること。
　二　排水設備は，堅固で耐久力を有する構造とすること。
　三〜四　（略）
　五　管渠（かんきょ）のこう配は，やむを得ない場合を除き，100分の1以上とすること。
　六　排水管の内径及び排水渠の断面積は，公共下水道管理者である地方公共団体の条例で定めるところにより，その排除すべき下水を支障なく流下させることができるものとすること。

2．2　建築物に設ける排水の配管設備の設置及び構造

【建基令第129条の2の5抜粋】
　（前略）
3　建築物に設ける排水のための配管設備の設置及び構造は，第1項の規定によるほか，次に定めるところによらなければならない。
　一　排出すべき雨水又は汚水の量及び水質に応じ有効な容量，傾斜及び材質を有すること。

二　配管設備には，排水トラップ，通気管等を設置する等衛生上必要な措置を講ずること。

三　配管設備の末端は，公共下水道，都市下水路その他の排水施設に排水上有効に連結すること。

四　汚水に接する部分は，不浸透質の耐水材料で造ること。

五　前各号に掲げるもののほか，安全上及び衛生上支障のないものとして国土交通大臣が定めた構造方法を用いるものであること。

【昭和50年12月20日建設省告示第1597号，改正第1406号抜粋】

第2　排水のための配管設備の構造は，第1項の規定によるほか，次に定めるところによらなければならない。

一　排水管

イ　掃除口を設ける等保守点検を容易に行うことができる構造とすること。

ロ　次に掲げる管に直接連結しないこと。

（1）　冷蔵庫，水飲器その他これらに類する機器の排水管

（2）　滅菌器，消毒器その他これらに類する機器の排水管

（3）　給水ポンプ，空気調和機その他これらに類する機器の排水管

（4）　給水タンク等の水抜管及びオーバーフロー管

ハ　雨水排水立て管は，汚水排水管若しくは通気管と兼用し，又はこれらの管に連結しないこと。

二　排水槽

イ　通気のための装置以外の部分から臭気が洩れない構造とすること。

ロ　内部の保守点検を容易かつ安全に行うことができる位置にマンホール（直径60cm以上の円が内接することができるものに限る。）を設けること。ただし，外部から内部の保守点検を容易かつ安全に行うことができる小規模な排水槽にあってはこの限りでない。

ハ　排水槽の底に吸い込みピットを設ける等保守点検がしやすい構造とすること。

ニ　排水槽の底の勾配は吸い込みピットに向かって$\frac{1}{15}$以上$\frac{1}{10}$以下とする等内部の保守点検を容易かつ安全に行うことができる構造とすること。

ホ　通気のための装置を設け，かつ，当該装置は，直接外気に衛生上有効に開放すること。

三　排水トラップ

イ　雨水排水管（雨水排水立て管を除く。）を汚水排水のための配管設備に連結する場合においては，当該雨水排水管に排水トラップを設けること。

ロ　二重トラップとならないように設けること。

ハ　排水管内の臭気，衛生害虫等の移動を有効に防止することができる構造とすること。

ニ　汚水に含まれる汚物等が付着し，又は沈殿しない構造とすること。ただし，阻集器を兼ねる排水トラップについては，この限りでない。

ホ　封水深は，5cm以上10cm以下（阻集器を兼ねる排水トラップについては5cm以上）とすること。
　ヘ　容易に掃除ができる構造とすること。
四　阻集器
　イ　汚水が油脂，ガソリン，土砂その他排水のための配管設備の機能を著しく妨げ，又は排水のための配管設備を損傷するおそれがある物を含む場合においては，有効な位置に阻集器を設けること。
　ロ　汚水から油脂，ガソリン，土砂等を有効に分離することができる構造とすること。
　ハ　容易に掃除ができる構造とすること。
五　通気管
　イ　排水トラップの封水部に加わる排水管内の圧力と大気圧との差によって排水トラップが破封しないように有効に設けること。
　ロ　汚水の流入により通気が妨げられないようにすること。
　ハ　直接外気に衛生上有効に開放すること。ただし，配管内の空気が屋内に漏れることを防止する装置が設けられている場合にあっては，この限りではない。
六　（略）

【練習問題】

次の文章の中で，正しいものに○印を，誤っているものには×印をつけなさい。
（1）給水装置の配水管への取付口の位置は，他の給水装置の取付口から30cm以上離れている。
（2）給水タンクの天井，底又は周壁は，建築物の他の部分と兼用してもよい。
（3）給水立て主管からの各階への分岐管には，分岐点に近接した部分で，かつ，操作を容易に行うことができる部分に止水弁を設ける。
（4）排水設備に係る下水配管の材料や構造等に関する規定は，下水道法等関係法令に規定されている。
（5）排水層の内部の保守点検を容易かつ安全に行うことができる位置に，直径45cm以上のマンホールを設ける。

第3章　換気設備，空調設備

換気設備，空調設備に関する規定は，建築基準法施行令に規定されている。

第1節　換気設備

1．1　換気設備

【建基令第129条の2の6】

　建築物（換気設備を設けるべき調理室等を除く。以下この条において同じ。）に設ける自然換気設備は，次に定める構造としなければならない。
　　一　換気上有効な給気口及び排気筒を有すること。
　　二　給気口は，居室の天井の高さの2分の1以下の高さの位置に設け，常時外気に開放された構造とすること。
　　三　排気口（排気筒の居室に面する開口部をいう。以下この項において同じ。）は，給気口より高い位置に設け，常時開放された構造とし，かつ，排気筒の立上り部分に直結すること。
　　四　排気筒は，排気上有効な立上り部分を有し，その頂部は，外気の流れによって排気が妨げられない構造とし，かつ，直接外気に開放すること。
　　五　排気筒には，その頂部及び排気口を除き，開口部を設けないこと。
　　六　給気口及び排気口並びに排気筒の頂部には，雨水又はねずみ，虫，ほこりその他衛生上有害なものを防ぐための設備をすること。
2　建築物に設ける機械換気設備は，次に定める構造としなければならない。
　　一　換気上有効な給気機及び排気機，換気上有効な給気機及び排気口又は換気上有効な給気口及び排気機を有すること。
　　二　給気口及び排気口の位置及び構造は，当該居室内の人が通常活動することが想定される空間における空気の分布を均等にし，かつ，著しく局部的な空気の流れを生じないようにすること。
　　三　給気機の外気取り入れ口並びに直接外気に開放された給気口及び排気口には，雨水又はねずみ，虫，ほこりその他衛生上有害なものを防ぐための設備をすること。
　　四　直接外気に開放された給気口又は排気口に換気扇を設ける場合には，外気の流れによって著しく換気能力が低下しない構造とすること。
　　五　風道は，空気を汚染するおそれのない材料で造ること。
3　建築物に設ける中央管理方式の空気調和設備は，前項に定める構造とするほか，国土交通大臣が

居室における次の表の各項の左欄に掲げる事項がおおむね当該各項の右欄に掲げる基準に適合するように空気を浄化し，その温度，湿度又は流量を調節して供給することができる性能を有し，かつ，安全上，防火上及び衛生上支障がない構造として国土交通大臣が定めた構造方法を用いるものとしなければならない。

(1)	浮遊粉じんの量	空気1m³につき0.15mg以下
(2)	一酸化炭素の含有率	10/1,000,000以下
(3)	炭酸ガスの含有率	1,000/1,000,000以下
(4)	温度	一 17度以上28度以下 二 居室における温度を外気の温度より低くする場合は，その差を著しくしないこと。
(5)	相対湿度	40％以上70％以下
(6)	気流	1秒間につき0.5m以下

　この表の各項の右欄に掲げる基準を適用する場合における当該各項の左欄に掲げる事項についての測定方法は，国土交通省令で定める。

1．2　換気設備の技術的基準

【建基令第20条の2】

　法第28条第2項ただし書の政令で定める技術的基準及び同条第3項（法第87条第3項において準用する場合を含む。次条第1項において同じ。）の政令で定める特殊建築物（以下この条において「特殊建築物」という。）の居室に設ける換気設備の技術的基準は，次のとおりとする。

　　一　換気設備の構造は，次のイからニまで（特殊建築物の居室に設ける換気設備にあっては，ロからニまで）のいずれかに適合するものであること。

　　　イ　自然換気設備にあっては，第129条の2の6第1項の規定によるほか，次に定める構造とすること。

　　　（1）排気筒の有効断面積は，次の式によって計算した数値以上とすること。

$$A_v = \frac{A_f}{250\sqrt{h}}$$

　　　　　この式において，A_v，A_f及びhは，それぞれ次の数値を表すものとする。
　　　　　A_v　排気筒の有効断面積（単位 m²）
　　　　　A_f　居室の床面積（当該居室が換気上有効な窓その他の開口部を有する場合においては，当該開口部の換気上有効な面積に20を乗じて得た面積を当該居室の床面積から減じた面積）（単位 m²）
　　　　　h　給気口の中心から排気筒の頂部の外気に開放された部分の中心までの高さ（単位 m）

（2）給気口及び排気口の有効開口面積は，（1）に規定する排気筒の有効断面積以上とすること。

（3）（1）及び（2）に定めるもののほか，衛生上有効な換気を確保することができるものとして国土交通大臣が定めた構造方法を用いる構造とすること。

ロ　機械換気設備（中央管理方式の空気調和設備（空気を浄化し，その温度，湿度及び流量を調節して供給（排出を含む。）をすることができる設備をいう。）を除く。以下同じ。）にあっては，第129条の2の6第2項の規定によるほか，次に定める構造とすること。

（1）有効換気量は，次の式によって計算した数値以上とすること。

$$V = \frac{20A_f}{N}$$

この式において，V，A_f 及びNは，それぞれ次の数値を表すものとする。

V：有効換気量（単位 m^3/h）

A_f：居室の床面積（特殊建築物の居室以外の居室が換気上有効な窓その他の開口部を有する場合においては，当該開口部の換気上有効な面積に20を乗じて得た面積を当該居室の床面積から減じた面積）（単位 m^2）

N：実況に応じた1人当たりの占有面積（特殊建築物の居室にあっては，3を超えるときは3と，その他の居室にあっては，10を超えるときは10とする。）（単位 m^2）

（2）1の機械換気設備が2以上の居室その他の建築物の部分に係る場合にあっては，当該換気設備の有効換気量は，当該2以上の居室その他の建築物の部分のそれぞれについて必要な有効換気量の合計以上とすること。

（3）（1）及び（2）に定めるもののほか，衛生上有効な換気を確保することができるものとして国土交通大臣が定めた構造方法を用いる構造とすること。

ハ　中央管理方式の空気調和設備にあっては，第129条の2の6第3項の規定によるほか，衛生上有効な換気を確保することができるものとして国土交通大臣が定めた構造方法を用いる構造とすること。

ニ　イからハまでに掲げる構造とした換気設備以外の設備にあっては，次に掲げる基準に適合するものとして，国土交通大臣の認定を受けたものとすること。

（1）当該居室で想定される通常の使用状態において，当該居室内の人が通常活動することが想定される空間の炭酸ガスの含有率をおおむね100万分の1,000以下に，当該空間の一酸化炭素の含有率をおおむね100万分の10以下に保つ換気ができるものであること。

（2）吸気口及び排気口から雨水又はねずみ，ほこりその他衛生上有害なものが入らないものであること。

（3） 風道から発散する物質及びその表面に付着する物質によって居室の内部の空気が汚染されないものであること。

（4） 中央管理方式の空気調和設備にあっては，第129条の２の６第３項の表の（1）及び（4）から（6）までに掲げる基準に適合するものであること。

1．3　換気設備の構造方法を定める件

【昭和45年12月28日建設省告示第1826号】【最終改正平成12年12月26日建設省告示第2465号】

建築基準法施行令第20条の２第一号イ（3）及びロ（3）並びに第20条の３第２項第一号イ（3），（4），（6）及び（7）並びに第三号の規定に基づき，換気設備の衛生上有効な換気を確保するための構造方法を次のように定める。

第１　居室に設ける自然換気設備

建築基準法施行令（以下「令」という。）第20条の２第一号イ（3）の規定に基づき定める衛生上有効な換気を確保するための自然換気設備の構造方法は，次の各号に適合するものとする。

一　令第20条の２第一号イ（1）に規定する排気筒の有効断面積の計算式によって算出されたA_vが0.00785未満のときは，0.00785とすること。

二　排気筒の断面の形状及び排気口の形状は，矩（く）形，だ円形，円形その他これらに類するものとし，かつ，短辺又は短径の長辺又は長径に対する割合を1/2以上とすること。

三　排気筒の頂部が排気シャフトその他これに類するもの（以下「排気シャフト」という。）に開放されている場合においては，当該排気シャフト内にある立上り部分は，当該排気筒に排気上有効な逆流防止のための措置を講ずる場合を除き，２ｍ以上のものとすること。この場合において，当該排気筒は，直接外気に開放されているものとみなす。

四　給気口及び排気口の位置及び構造は，室内に取り入れられた空気の分布を均等にするとともに，著しく局部的な空気の流れが生じないようにすること。

第２　居室に設ける機械換気設備

令第20条の２第一号ロ（3）の規定に基づき定める衛生上有効な換気を確保するための機械換気設備の構造方法は，次の各号に適合するものとする。

一　給気機又は排気機の構造は，換気経路の全圧力損失（直管部損失，局部損失，諸機器その他における圧力損失の合計をいう。）を考慮して計算により確かめられた給気又は排気能力を有するものとすること。ただし，居室の規模若しくは構造又は換気経路その他換気設備の構造により衛生上有効な換気を確保できることが明らかな場合においては，この限りでない。

二　給気口及び排気口の位置及び構造は，室内に取り入れられた空気の分布を均等にするとともに，著しく局部的な空気の流れが生じないようにすること。

第３〜第４　（略）

第2節 空調設備

2.1 中央管理方式の空気調和設備の構造方法を定める件

【昭和45年12月28日建設省告示第1832号】【改正平成12年5月29日建設省告示第1391号】

建築基準法施行令第129条の2の6第3項の規定に基づき,中央管理方式の空気調和設備の構造方法を次のように定める。

一 中央管理方式の空気調和設備は,建築基準法施行令第20条の2第一号ロ(1)及び(2)に規定する有効換気量(同号ロ(1)中「A_f居室の床面積(特殊建築物の居室以外の居室が換気上有効な窓その他の開口部を有する場合においては,当該開口部の換気上有効な面積に20を乗じて得た面積を当該居室の床面積から減じた面積)」は,「A_f居室の床面積」と読み替えて計算するものとする。)以上の有効換気量を換気する能力を有するものとすること。

二 給気機又は排気機は,換気経路の全圧力損失(直管部損失,局部損失,諸機器その他における圧力損失の合計をいう。)を考慮して計算により確かめられた必要な給気又は排気能力を有するものとすること。ただし,居室の規模,構造又は換気経路その他空気調和設備の構造により,衛生上有効な換気を確保できることが明らかな場合においては,この限りでない。

三 風道は,断熱材を用いて内部結露が発生しないようにする場合等衛生上支障がない場合を除き,吸湿しない材料で造ること。

四 中央管理方式の空気調和設備の空気浄化装置に設ける濾過材,フィルターその他これらに類するものは,容易に取り替えられる構造とすること。

五 空気調和設備の風道は,火を使用する設備又は器具を設けた室の換気設備の風道その他これに類するものに連結しないこと。

六 居室における温度を外気の温度より低くする場合においては,その差を著しくしないよう制御できる構造とすること。

七 前各号に掲げるもののほか,空気調和設備は,次のイからホまでに掲げる空気調和負荷に基づいた構造とすること。

 イ 壁,床又は天井(天井のない場合においては,屋根)よりの負荷

 ロ 開口部よりの負荷

 ハ 換気及びすき間風による負荷

 ニ 室内で発生する負荷

 ホ その他建築物の実況に応じて生ずる負荷

【練習問題】

次の文章の中で，正しいものには○印を，誤っているものには×印をつけなさい。

（1） 自然換気設備に設けられる給気口は，居室の天井の高さの3分の2以下の高さの位置に設け，常時開放された構造である。

（2） 機械換気設備の給気機の外気取り入れ口は，雨水又はねずみ，虫，ほこりその他衛生上有害なものを防ぐための設備を設ける。

（3） 中央管理方式の空気調和設備の性能に関する基準で，浮遊粉じんの量は，空気 $1\,\mathrm{m}^3$ につき0.15mg以下である。

（4） 機械換気設備の有効換気量は，建基令により，次式にて求める。

$$V = \frac{20A_f}{N}$$

（5） 空気調和設備の風道は，火を使用する設備又は器具を設けた室の換気設備の風道に連結することと規定している。

第4章　消　火　設　備

消火設備に関する規定は，消防法及びその関係法令に規定されている。

第1節　防火対象物の指定

【消防法第17条抜粋】

　学校，病院，工場，事業場，興行場，百貨店，旅館，飲食店，地下街，複合用途防火対象物その他の防火対象物で政令で定めるものの関係者は，政令で定める消防の用に供する設備，消防用水及び消火活動上必要な施設（以下「消防用設備等」という。）について消火，避難その他の消防の活動のために必要とされる性能を有するように，政令で定める技術上の基準に従って，設置し，及び維持しなければならない。

2〜3（略）

【消防法施行令（以下「消防令」という。）第6条】

　法第17条第1項の政令で定める防火対象物は，別表第一に掲げる防火対象物とする。

別表第一

(1)	イ	劇場，映画館，演芸場又は観覧場
	ロ	公会堂又は集会場
(2)	(略)	
(3)	イ	待合，料理店その他これらに類するもの
	ロ	飲食店
(4)	百貨店，マーケットその他の物品販売業を営む店舗又は展示場	
(5)	イ	旅館，ホテル，宿泊所その他これらに類するもの
	ロ	寄宿舎，下宿又は共同住宅
(6)	イ	病院，診療所又は助産所
	ロ	老人短期入所施設，養護老人ホーム，特別養護老人ホーム，軽費老人ホーム，有料老人ホーム，介護老人保健施設，救護施設，乳児院，障害児入所施設，障害者支援施設等
	ハ	老人デイサービスセンター，老人福祉センター，老人介護支援センター，更生施設，助産施設，保育所，身体障害者福祉センター等
	ニ	幼稚園又は特別支援学校
(7)	小学校，中学校，義務教育学校，高等学校，中等教育学校，高等専門学校，大学，専修学校，各種学校その他これらに類するもの	
(8)	図書館，博物館，美術館その他これらに類するもの	
(9)	イ	公衆浴場のうち，蒸気浴場，熱気浴場その他これらに類するもの
	ロ	イに掲げる公衆浴場以外の公衆浴場
(10)	車両の停車場又は船舶若しくは航空機の発着場	
(11)	神社，寺院，教会その他これらに類するもの	

(つづき)

(13)	イ	自動車車庫又は駐車場
	ロ	飛行機又は回転翼航空機の格納庫
(14)	倉庫	
(15)	前各項に該当しない事業場*	
(16)	イ	複合用途防火対象物のうち，その一部が(1)項から(4)項まで，(5)項イ，(6)項又は(9)項イに掲げる防火対象物の用途に供されているもの
	ロ	イに掲げる複合用途防火対象物以外の複合用途防火対象物
(16)の2	地下街	
(以下略)		

第2節　屋内消火栓設備の基準

2．1　屋内消火栓設備

(1)　屋内消火栓設備の設置基準

【消防令第11条抜粋】

屋内消火栓設備は，次に掲げる防火対象物又はその部分に設置するものとする。

　一　別表第一(1)項に掲げる防火対象物で，延べ面積が500m^{2}以上のもの

　二　別表第一(2)項から(10)項まで，(12)項及び(14)項に掲げる防火対象物で，延べ面積が700m^{2}以上のもの

　三　別表第一(11)項及び(15)項に掲げる防火対象物で，延べ面積が1000m^{2}以上のもの

　四～六　（略）

2　（略）

3　前2項に規定するもののほか，屋内消火栓設備の設置及び維持に関する技術上の基準は，次の各号に掲げる防火対象物又はその部分の区分に応じ，当該各号に定めるとおりとする。

　一　第1項第二号及び第六号に掲げる防火対象物又はその部分（別表第一(12)項イ又は(14)項に掲げる防火対象物に係るものに限る。）並びに第1項第五号に掲げる防火対象物又はその部分

　次に掲げる基準（1号消火栓）

　　イ　屋内消火栓は，防火対象物の階ごとに，その階の各部分から一のホース接続口までの水平距離が25m以下となるように設けること。

　　ロ　屋内消火栓設備の消防用ホースの長さは，当該屋内消火栓設備のホース接続口からの水平距離が25mの範囲内の当該階の各部分に有効に放水することができる長さとすること。

　　ハ　水源は，その水量が屋内消火栓の設置個数が最も多い階における当該設置個数（当該設置個数が2を超えるときは，2とする。）に2.6m^{3}を乗じて得た量以上の量となるように設けること。

ニ　屋内消火栓設備は，いずれの階においても，当該階のすべての屋内消火栓（設置個数が2を超えるときは，2個の屋内消火栓とする。）を同時に使用した場合に，それぞれのノズルの先端において，放水圧力が0.17MPa以上で，かつ，放水量が130ℓ/min以上の性能のものとすること。
　　ホ　水源に連結する加圧送水装置は，点検に便利で，かつ，火災等の災害による被害を受けるおそれが少ない箇所に設けること。
　　ヘ　屋内消火栓設備には，非常電源を附置すること。
　二　第1項各号に掲げる防火対象物又はその部分で，前号に掲げる防火対象物又はその部分以外のもの　同号又は次のイ若しくはロに掲げる基準（2号消火栓）
　　イ　次に掲げる基準
　　　（1）屋内消火栓は，防火対象物の階ごとに，その階の各部分から1のホース接続口までの水平距離が15m以下となるように設けること。
　　　（2）屋内消火栓設備の消防用ホースの長さは，当該屋内消火栓設備のホース接続口からの水平距離が15mの範囲内の当該階の各部分に有効に放水することができる長さとすること。
　　　（3）屋内消火栓設備の消防用ホースの構造は，一人で操作することができるものとして総務省令で定める基準に適合するものとすること。
　　　（4）水源は，その水量が屋内消火栓の設置個数が最も多い階における当該設置個数（当該設置個数が2を超えるときは，2とする。）に$1.2m^3$を乗じて得た量以上の量となるように設けること。
　　　（5）屋内消火栓設備は，いずれの階においても，当該階の全ての屋内消火栓（設置個数が2を超えるときは，2個の屋内消火栓とする。）を同時に使用した場合に，それぞれのノズルの先端において，放水圧力が0.25MPa以上で，かつ，放水量が60L毎分以上の性能のものとすること。
　　　（6）水源に連結する加圧送水装置は，点検に便利で，かつ，火災等の災害による被害を受けるおそれが少ない箇所に設けること。
　　　（7）屋内消火栓設備には，非常電源を附置すること。
　　ロ　次に掲げる基準
　　　（1）屋内消火栓は，防火対象物の階ごとに，その階の各部分から1のホース接続口までの水平距離が25m以下となるように設けること。
　　　（2）屋内消火栓設備の消防用ホースの長さは，当該屋内消火栓設備のホース接続口からの水平距離が25mの範囲内の当該階の各部分に有効に放水することができる長さとすること。

（3）屋内消火栓設備の消防用ホースの構造は，一人で操作することができるものとして総務省令で定める基準に適合するものとすること。

（4）水源は，その水量が屋内消火栓の設置個数が最も多い階における当該設置個数（当該設置個数が2を超えるときは，2とする。）に1.6m³を乗じて得た量以上の量となるように設けること。

（5）屋内消火栓設備は，いずれの階においても，当該階の全ての屋内消火栓（設置個数が2を超えるときは，2個の屋内消火栓とする。）を同時に使用した場合に，それぞれのノズルの先端において，放水圧力が0.17MPa以上で，かつ，放水量が80L毎分以上の性能のものとすること。

（6）水源に連結する加圧送水装置は，点検に便利で，かつ，火災等の災害による被害を受けるおそれが少ない箇所に設けること。

（7）屋内消火栓設備には，非常電源を附置すること。

4 （略）

（2）屋内消火栓設備に関する基準の細目

【消防法施行規則（以下「消防規」という。）第12条抜粋】

屋内消火栓設備（令第11条第3項第二号イ又はロまでに掲げる技術上の基準に従い設置するものを除く。以下この項において同じ。）の設置及び維持に関する技術上の基準の細目は，次のとおりとする。

一 屋内消火栓の開閉弁は，床面から高さが1.5m以下の位置又は天井に設けること。ただし，当該開閉弁を天井に設ける場合にあっては，当該開閉弁は自動式のものとすること。

一の二～三 （略）

三の二 水源の水位がポンプより低い位置にある加圧送水装置には，次のイからハまでに定めるところにより呼水装置を設けること。

イ 呼水装置には専用の呼水槽を設けること。

ロ 呼水槽の容量は，加圧送水装置を有効に作動できるものであること。

ハ 呼水槽には減水警報装置及び呼水槽へ水を自動的に補給するための装置が設けられていること。

四～五 （略）

六 配管は，次のイからリまでに定めるところによること。

イ 専用とすること。ただし，屋内消火栓の起動装置を操作することにより直ちに他の消火設備の用途に供する配管への送水を遮断することができる等当該屋内消火栓設備の性能に支障を生じない場合においては，この限りでない。

ロ 加圧送水装置の吐出側直近部分の配管には，逆止弁及び止水弁を設けること。

ハ　ポンプを用いる加圧送水装置の吸水管は，次の（イ）から（ハ）までに定めるところによること。

　（イ）　吸水管は，ポンプごとに専用とすること。

　（ロ）　吸水管には，ろ過装置（フート弁に附属するものを含む。）を設けるとともに，水源の水位がポンプより低い位置にあるものにあってはフート弁を，その他のものにあっては止水弁を設けること。

　（ハ）　フート弁は，容易に点検を行うことができるものであること。

ニ　配管には，次の（イ）又は（ロ）に掲げるものを使用すること。

　（イ）日本工業規格G 3442，G 3448，G 3452，G 3454若しくはG 3459に適合する管又はこれらと同等以上の強度，耐食性及び耐熱性を有する金属製の管

　（ロ）気密性，強度，耐食性，耐候性及び耐熱性を有するものとして消防庁長官が定める基準に適合する合成樹脂製の管

ホ　管継手は，次の（イ）又は（ロ）に定めるところによること。

　（イ）金属製の管又はバルブ類を接続するものの当該接続部分にあっては，金属製であって，かつ，次の表の上欄に掲げる種類に従い，それぞれ同表の下欄に定める日本工業規格に適合し，又はこれと同等以上の強度，耐食性及び耐熱性を有するものとして消防庁長官が定める基準に適合するものとすること。

種　　類		日本工業規格
フランジ継手	ねじ込み式継手	B 2238又はB 2239
	溶接式継手	B 2220
フランジ継手以外の継手	ねじ込み式継手	B 2301，B 2302又はB 2308のうち材料にG 3214（SUS F 304又はSUS F 316に限る。）又はG 5121(SCS13又はSCS14に限る。)を用いるもの
	溶接式鋼管用継手	B 2309，B2311，B 2312又はB 2313（G 3468を材料とするものを除く。）

　（ロ）合成樹脂製の管を接続するものの当該接続部分にあっては，合成樹脂製であって，かつ，気密性，強度，耐食性，耐候性及び耐熱性を有するものとして消防庁長官が定める基準に適合するものとすること。

ヘ　主配管のうち，立上り管は，管の呼びで50mm以上のものとすること。

ト　バルブ類は，次の（イ）及び（ロ）に定めるところによること。

　（イ）材質は，日本工業規格G 5101，G 5501，G 5502，G 5705（黒心可鍛鋳鉄品に限る。），H 5120若しくはH 5121に適合するもの又はこれらと同等以上の強度，耐食性及び耐熱性を有するものとして消防庁長官が定める基準に適合するものであること。

　（ロ）開閉弁，止水弁及び逆止弁にあっては，日本工業規格B 2011，B 2031若しくはB 2051に適合するもの又はこれらと同等以上の性能を有するものとして消防庁長官が定める

　　　　基準に適合するものであること。
　　（ハ）開閉弁又は止水弁にあってはその開閉方向を，逆止弁にあってはその流れ方向を表示したものであること。
　チ　配管の管径は，水力計算により算出された配管の呼び径とすること。
　リ　配管の耐圧力は，当該配管に給水する加圧送水装置の締切圧力の1.5倍以上の水圧を加えた場合において当該水圧に耐えるものであること。
七～八　（略）
九　貯水槽，加圧送水装置，非常電源，配管等（以下「貯水槽等」という。）には地震による震動等に耐えるための有効な措置を講じること。

2　令第11条第3項第二号イからホまでに規定する屋内消火栓設備の設置及び維持に関する技術上の基準の細目は，前項（第六号ヘ，第七号イ（イ），ロ（イ），ハ（イ）及び（ロ）並びにヘを除く。）の規定の例によるほか，次のとおりとする。
一　ノズルには，容易に開閉できる装置を設けること。
二　主配管のうち，立上り管は，管の呼びで32mm以上のものとすること。
三～六　（略）

【練習問題】

次の文章の中で，正しいものには○印を，誤っているものには×印をつけなさい。

（1）延べ面積が1500m^2の事務所建物には，屋内消火栓設備を設置しなければならない。
（2）1号屋内消火栓設備は，防火対象物の階ごとに，その階の各部分から一のホース接続口までの水平距離は15m以下となるように設ける。
（3）2号屋内消火栓設備のノズルの先端における放水圧力は，0.25MPa以上，放水量は，60ℓ／min以上である。
（4）屋内消火栓設備には，非常電源を附置すること。
（5）1号屋内消火栓設備の水源の水位がポンプより低い位置にある加圧送水装置には，専用の減水警報装置を必要としない。

第6編 安全衛生

作業者を，職場でけがや病気などの労働災害から，どうすれば防ぐことができるか。また，災害を防ぐ手だてを事業主がどのようにしていかなければならないか。安全衛生についてどのように考えればよいのか。ここでは，そのことについて述べる。

第1章 安全衛生一般

安全を守るとは，自分を守ることであり，周りの人を災害に巻き込まないことである。職場で災害にあわないようにするためには，どうすればよいかを常に考え行動する。

しかし，一日の大部分を過ごしている職場には，多くの危険な状態が存在している。安心して働ける職場で作業し，毎日を無事に過ごせることにより，働く目的や希望を実現させることができる。

第1節 労働災害

労働災害は，労働福祉の観点から，あってはならないもの，起こしてはならないものである。仕事上でのけがや病気によって本人が受ける肉体的な苦痛はもちろん，家族や同僚などの人々の精神的，経済的な苦しみや，それに関連して一般社会の人々が不安な気持ちを抱くことなどがある。さらに，生命や財産を脅かすばかりでなく，生産活動そのものを妨げ，直接的，間接的に多くの経済的損失をもたらすことになる。

1.1 労働災害の発生原因

労働災害の発生は物（設備，建物など）の「不安全な状態」と，人（作業者，通行人など）の「不安全な行動」の直接要因，さらにこれらの危険・有害な状態が見逃されたままの「安全管理上の欠陥」がある職場環境（間接要因）との関係において発生する。これらの欠陥や要因を放置せず，接触させないようにすることで「労働災害」を防ぐことができる。

物の「不安全な状態」とは，機械・設備や建物，材料などといった「物」が災害を引き起こしそう

な状態，又は災害をもたらす起因物に欠陥がある状態になっていることである。

人の「不安全な行動」とは，慣れや過信，安易な考え方などから，誤った動作や危険な行動をとる，不安全な状態を放置する，などのことである。ここでいう「人」とは，被害者本人である場合もあり，また第三者である場合もある。この不安全な行動は，それが不安全な行動であるということを知らずに行動した場合と，知っていて行動した場合がある。

「安全衛生上の欠陥」とは，責任体制の不備（機械・設備の管理，点検，運転責任者等），作業マニュアルの不備などのことである。

労働災害についての経験則のひとつに「ハインリッヒの法則（1：29：300の法則）」というものがある。「1件」の重大災害の裏には「29件」の軽微な災害があり，事故にならない「300件」の「ヒヤリ」「ハッ」とした事例が潜在しているというものである。つまり重大な事故や災害は，偶然，運悪く発生したのではなく，作業中の「ヒヤリ」「ハッ」とした体験や，「これぐらい」といって見過ごした小さな危険要因の中に，その原因が潜んでいるのである。重大な労働災害を起こさないよう事故の芽を早期に摘み取ることが大切である。

1.2　労働災害防止対策

労働災害を防止するための対策は，まず企業のトップ（経営者）自らが災害防止に対しての意識を持ち，努力を払うことである。しかし，経営者がこの責任を果たすためには，関係する作業者の協力が得られなければならない。

また機械・設備の設計・製造者が自らつくり，販売する機械・設備に対して安全を配慮することも必要となってくる。

作業があって安全があるのではなく，安全があって初めて作業が成り立つのである。

災害防止の活動を進めるためには，思いつきで何かを行うのではなく，労働安全衛生マネジメントシステム（OSHMS）指針に従って実施していく。

OSHMSは，経営者が労働者の協力のもと，労働災害防止のために組織全体で職場のリスク低減に向けて，確実かつ継続的に実施する，自主的な安全衛生活動である。

そのために，はじめに安全衛生方針を表明する。次に，職場にある危険性や有害性を見つけ出し，そのリスクを除いたり減らしたりする手法（リスクアセスメント）を行う。

次に，これらに基づいて，達成すべき目標を定めて，安全衛生計画を立て（Plan），その計画を確実に実行（Do）し，その結果を評価（Check）し，次の計画に反映（改善：Act）させるというPDCAサイクルを繰り返して推進していくことで，災害防止活動を前進させることができる。それが災害防止対策の基本である。

また，安全衛生を進める活動の基本に，5Sの推進ということがよくいわれている。整理（seiri），整とん（seiton），清掃（seisou），清潔（seiketsu），躾（shitusuke）がそれである。

これらに加え，作業に適した作業服装の着用，必要に応じた適正な保護具の装着も，基本的で重要な安全対策である。

1.3　安全衛生管理体制

先に述べたように，労働災害の防止は，企業のトップがそれを自らの問題と認識して，率先して取り組むことが必要である。しかし企業のトップがいくら頑張っても一人で全体の安全衛生を管理することではできない。そのために，職場での安全衛生に関しての管理体制を確立し，適正な運営を図ることが重要である。しかもこの安全衛生管理組織は，生産活動を行ううえでの管理組織と一体となって管理されなければ，効果の上がらない組織になってしまう。

一定規模以上の事業場にあっては，総括安全衛生管理者，安全管理者，衛生管理者，安全衛生推進者などといった安全衛生に関する管理者の選任が義務づけられている。

また，特に危険な作業においては，その作業を行うための一定の技能をもった者が直接管理監督することが義務づけられている。

さらに，これらの各管理者を有機的に運用するために，会社として安全衛生委員会などの組織をつくる必要がある。

1.4　環境問題への取組み

地球温暖化・オゾン層の破壊・酸性雨など，複雑化・地球規模化する環境問題への国際的な関心の高まりは，人間と自然環境のあり方や生活様式とのかかわりについて，さまざまな分野で意識の変化をもたらしている。国際社会の取組みが活発になるなか，我が国においても，廃棄物問題や地球環境問題に対処するために環境基本法（平成5年）が制定された。この法の理念に基づき，「大量生産・大量消費・大量廃棄」からの脱却を図り，環境負荷を低減していく「循環型社会」を目指して，法令の整備などが行われている。

建築分野でも，環境への負荷軽減，自然との調和など，環境配慮の考え方が定着しつつある。具体的には，省資源化，省エネルギー化，ゼロ・エミッション（廃棄物ゼロを目指す環境運動），3R活動（Reduce：減少させる，Reuse：再利用，Recycle：再資源化）などの取組みである。

建築物は，「設計」「建設」「運用保全」「修繕改修」「解体廃棄」と，その生涯（ライフサイクル）において，さまざまな形で環境へ影響を及ぼす。そのため設計段階から，省資源，省エネルギー，長寿命化，エコマテリアル，廃棄物削減，CO_2排出量低減，地域環境との共生など，環境配慮の取組みを図ることが重要となっている。

建築作業においても，環境基本法における公害（振動，騒音，悪臭，地盤沈下など）の防止，3Rやゼロ・エミッションなどによる廃棄物の削減，省エネ建機の採用や省エネ運転によるCO_2排出量の削減など，多くの取組みが求められている。

また，廃棄物の処理及び清掃に関する法律（廃棄物処理法）においても，廃棄物の排出抑制，再生利用，適正処理を進めることとされている。廃棄物は，法に規定された20種類の廃棄物（金属くず，コンクリートくずなど）を産業廃棄物，産業廃棄物以外の廃棄物を一般廃棄物として分類している。産業廃棄物を処理する場合には，排出事業者の処理責任が規定されている。

1.5 ヒューマンエラー事故防止対策の取組み

現場では，ヒューマンエラーによる事故や災害の未然防止のために，危険予知訓練（KYT），ヒヤリ・ハット，ツール・ボックス・ミーティング（TBM）などの取組みが行われている。

危険予知訓練は，職場や作業の状況の中に潜む危険要因とそれが引き起こす現象について，作業者同士（小集団）で話し合い，考え合って共有し，行動前に危険要因を排除する訓練である。訓練は，現場で実際に作業をさせたり，作業してみせたり，また職場や作業の状況を描いたイラストシートを用いて行う。最後に指差唱和・指差呼称で，行動する前に重点実施項目を確認する。

ヒヤリ・ハットは，前述したように仕事中のアクシデントやミスなどで「ヒヤリ」「ハッ」とした体験や，「あれは危険だ」と気づいたことなどをいい，それらを職場内で公開・蓄積・共有し，災害を未然防止する活動である。「けがをするところだった」「危ない！」というエピソードの中には，重大な事故や災害につながってしまう可能性が潜んでいる。作業者が，きちんと報告するよう意識して取り組み，広く情報共有することは，職場内の安全意識の向上にもつながる。

ツール・ボックス・ミーティングは，職長を中心にして5～10分間で手際よく簡潔に行う打合せである。そこではその日の作業内容，作業方法，段取り，問題点などを全員で話し合ったり，元請けからの安全指示事項の徹底などの指示伝達を行う。これは，作業開始前だけでなく，作業の進行に応じて作業中や職場ミーティング時にも行われる。

第2節　設備・環境の安全化

機械設備を使用して生産活動が行われるが，これを操作する段階で事故を引き起こすことがあっては，よい製品をつくり出すことはできない。

人間は本来ミスを犯すものであるという観点に立ち，ミスを犯しても災害が起こらないような機械を使って作業を行えば，災害に対して注意する意識を払う必要がなくなり，それだけ製品の製造に神経を集中することができる。その結果，精度のよりよい製品をつくることができることになる。

また，使用する機械の能力を最大限に発揮するためにも，整備・点検は不可欠な要因になる。

さらに，作業環境を整備し，快適な作業環境をつくり出すことにより，災害の発生を少なくすることになる。

2.1 設備・環境の安全化の基本

　人間は本来，不注意，勘違い，慣れなどから，確認のミス，誤操作，誤動作といったミスを犯すことを避けることはできない。したがって，このようなミスが原因となって発生する労働災害を防止するためには，作業者がミスをしても機械・設備が作業者に対して安全側に働くように，機械の安全化を図る必要がある。言い替えれば，機械・設備の側から人を傷つけたりすることがないように，機械の安全化を図っておくことである。

　作業環境については，作業場の採光，温熱条件，音などが適切であるとともに，人体に影響を及ぼす有害な臭気，ガス，蒸気，粉じんなどの発散が抑えられた職場であることが必要である。

　加えて，人に優しい職場環境を形成することも必要になってきている。

　機械・設備や環境の安全化を図るためには，単に思いつきで行うのではなく，前述のPDCAサイクルを繰り返して推進していくことが大切である。

2.2 機械・設備の安全化

　機械・設備の安全化は，設計段階から安全措置を施したり，手工具や保護具などを用いなくても作業ができる機械・設備にすることである。

　機械・設備の安全化は，作業者が行う不安全な行動を機械の側がカバーする状態，言い替えれば，作業者が不安全な行動をしても，機械が作動をやめてしまう状態をつくり出すことであり，もちろん機械・設備の側からは危険な状態をつくり出さないことである。

　また，機械の安全化ができてない状態においては，やむを得ない場合に限って，安全装置を後から取り付ける場合もある。安全装置を後から取り付けた場合にも，それを取り外さないことが大切である。逆に，取り付けられている安全装置を作業者が取り外したくなることは，その安全装置が本来の目的にかなったものでないか，又は安全装置の取付け場所が本来の役目をしない位置に取り付けられていることになる。

　これら機械・設備の安全化を行うのは，その機械・設備の設計，製作者の仕事ではあるが，使う立場からの意見が設計・製作に当たって安全化を進めるのに非常に重要になってくる。

2.3 作業環境の改善

　職場環境は，生産工程や作業方法によってつくり出されるものであり，その影響は作業者の肉体的及び精神的健康と密接な関係がある。

　有害な環境から作業者を守り，快適な作業環境をつくり出すためには，生産工程の密閉化により作業者を有害物から隔離するなど物理的環境の改善を行うことや，原材料の変更により無害な代替品を使用することなどがあげられる。しかし，これらのことができない場合には，次善の策として排気装

置により有害要因の排除を行う。さらに，排気装置の使用によっても環境改善が十分に行われない場合には，やむを得ず保護具を使用するとともに，有害物による暴露の時間を短縮することにより，作業者に対する必要な防護措置を講じることが大切である。

また，すべての作業者にとって仕事による疲労やストレスを感じることの少ない働きやすい快適な職場環境を実現することが重要である。

2.4 安全点検

使用している機械・設備に対する定期の点検や，作業環境に対する定期の点検を行う本来の目的は，単に機械・設備や環境が異常であるかどうかを発見するだけではなく，それらを修理，改善することで，常によりよい状態を保っておくことが，点検の本来の目的である。

これらの点検の実効をあげるためには，制度として確立させるとともに，自分が取り扱っている機械・設備や作業環境について責任を分担して点検を行うことはもちろん，作業者の中から点検実施者を指名して自らが使用している機械・設備以外のものについて点検を行うことが大切である。

安全衛生点検を行う時期は，その日の作業を開始する前，定期，不定期がある。

点検対象は，次の2つに分けられる。

① 設備，機械，工具，保護具，作業環境など物の保全に関するもの。
② 作業者の態度，身なり，動作などの教育指導に関するもの。

(1) 点検一般

安全点検についての基本的事項は次のとおりである。

① 点検の意義を十分理解し，点検実施者以外の者も点検に協力すること。
② 点検対象に応じて，点検項目，点検内容，点検方法，点検結果の判断基準など点検基準を策定し，点検に関しての基準を明確にしておくこと。
③ 点検は，チェックリストを用いるなどにより，点検漏れのないようにし，点検事項として記録する。
④ 点検で発見された機械・設備や作業環境についての不安全な状態は，それが発生した原因を調べるとともに，他の同種の機械・設備や作業環境についても異常の有無を確認しておくこと。
⑤ 点検の結果，発見された不安全な状態は解消しておくこと。解消した場合，その実施責任者，実施日及び実施事項を記録し，その状況を確認しておくこと。

(2) 法定点検

a．作業開始前の点検

その日の作業を開始する前に行う点検は，一般的には作業者自身が使用する機械・器具，工具，保護具などに対して行う点検であるが，同時に作業者が自分で自分の身なりや態度を直す習慣づけを行う意味も含まれている。

労働安全衛生規則などで，その日の作業を開始する前の点検について，対象の機械などと点検項目を定めている。

b．定期の点検

定期の点検には，毎月1回以上日を定めて行う月例点検と，年に1回以上期日を定めて行う年次点検がある。

関係法令ではこの定期の点検を定期自主検査といい，これらの点検を必ず行わなければならない機械・設備を定めて規定している。

また，定期の点検を行った場合には，点検記録（点検の結果，補修を必要とする事項については，その結果の記録も）を作成し，3年間保存しておかなければならないことも併せて規定されている。

第3節　手　工　具

手工具は，作業者が直接手にもって取り扱うので，その取扱いを誤ると，作業者本人はもちろん周りにいる同僚にも危害を及ぼすので，手工具の管理と取扱いに十分留意する必要がある。

手工具による災害の原因をあげると，次のとおりである。

① 使用する工具の選定を誤った。
② 使用する前の点検，整備を十分に行わなかった。
③ 使い方を誤った。
④ 使い方を熟知していなかった。

3．1　手工具の管理・保管

手工具は，日常の管理がよくないと，工具の精度や寿命に影響したり，また，使おうとする際に取り違えてしまうことがあるので，工具の管理者を定め，工具の修理や出し入れなど工具の管理に当たらせるのがよい。

なお，工具は定期的に点検して，破損したものは修理し，また不足している場合は補充するなどしておくことが大切である。

3．2　使用中の管理

工具室などから持ってきた工具であっても，使用前に欠陥がないかどうか必ず点検をしてから使用する。また，手工具の性能について十分熟知しておくことはもちろん，常に作業に適しているか，また，不具合はないかを確かめることが大切である。決して本来の使用方法以外の方法で作業しないようにしなければならない。

手工具を使用中機械などの上に放置しておくと，機械の振動などにより思わぬ災害が起こることが

ある。また，わずかな間だからといって作業台の上に放置しておくと工具を傷めたり，必要なときに間に合わなくなることがある。

手工具は，作業中，機械や作業台のそばに整理箱を置き，その中に整理しておくとよい。

3．3　手工具類の運搬

手工具類の運搬に当たっては，次の点に留意する。
① 手工具を運搬中に落としたため，負傷したりすることがあるので，手にもってはしご（梯子）の登り降りをしないこと。
② ドライバのような先のとがった工具類は，工具箱，工具袋，工具バンドなどに入れて運搬する。まちがってもポケットなどに入れて持ち運びしないこと。
③ 先端の鋭利な刃物は，刃部をさやに納めておくこと。

第4節　感電災害

一般に電気は高圧ほど危険性が高いと考えている人が多いが，感電による死亡者は低圧の設備によるものの方が多い。

4．1　感電災害の防止対策

電気は目に見えないものであるだけに，十分な配慮が必要である。

また，簡単な工事であっても，電気工事は感電の危険があるばかりでなく，火災発生の原因ともなるので，必ず資格のある者が行うようにしなければならない。

4．2　電気設備面の安全対策

設備面での電気に対する安全に関する措置を例示すると，次のことがあげられる。
① 電動機，変圧器，開閉器，分電盤，配電盤などの電気機械器具及び配線や移動電線について，作業中や通行の際接触することを防止するために設けられた絶縁カバー，囲い，並びに電線の絶縁被覆などが完全であること。
② 電動機械又は器具には，適正な感電防止用漏電遮断装置が接続されているとともに，接地がされていること。
③ アーク溶接作業に使用する溶接棒ホルダの絶縁部分及びホルダ用ケーブルの接続部分などに損傷がないものを使用すること。
④ 交流アーク溶接作業に用いる溶接機に交流アーク溶接機用自動電撃防止装置が接続されていること。

⑤ 移動式若しくは可搬式電動機械器具には，適正な感電防止用漏電遮断装置が接続されているとともに，接地がされていること。

4．3　電気作業面の安全対策

作業上における電気に対しての安全措置の主なものを例示すると，次のことがあげられる。
① 危険表示のある電気室などには係員以外立ち入らないこと。
② ハンドランプは丈夫なガードが付いているものを使用すること。
③ 濡れた手や，足元が湿った場所で電気機器の配線やスイッチなどに直接触れないこと。
④ 電気機器の修理や点検を行うときは，スイッチを切り修理中などの表示をして，他の人がまちがってスイッチを入れないようにしておくこと。
⑤ 作業終了後は，電動機器の元スイッチを切っておくこと。また，停電のときは，手元スイッチはもちろん元スイッチも切っておくこと。
⑥ 電気配線を変更する場合は，低電圧の回路であっても関係法令で定められた有資格者が行わなければならない。

4．4　その他

その他電気災害を防止するため，次のことに留意する。
① 高圧電線，変圧器などの高圧電気設備の近くで長尺物の金属材料を取り扱ったり，運搬したりするときは，充電部分に近づかないようにすること。また，複数人で扱うことが望ましい。
② 静電気が放電しているとき，周囲に可燃性ガスや蒸気が存在していると火災や爆発が起こる危険がある。

第5節　墜落災害の防止

　墜落災害は，感電災害と同じようにいったん発生すると死亡事故や重傷災害になりやすい。墜落や転落は建設業で最も多い災害である。
　墜落災害は，高所作業や開口部の端などにおいてよく発生するが，逆に1～2mの場所から落ちて命を落とすこともある。

5．1　高所作業での墜落の防止

墜落災害を防止するための主な措置として，次のことがあげられる。
① 高所作業[*1]をできるだけ少なくして，地上でできる作業は地上で行うように工夫すること。
② 高さ2m以上の箇所で作業を行う場合には，作業床を設け，その作業床の端や開口部等には囲

い，手すり，覆い等を設けて墜落を防止すること。こうした措置が困難なときは，墜落制止用器具（安全帯）を使用させる等の措置を講ずること。

③ 高さ2m以上の作業床がない箇所又は作業床の端，開口部等で囲い，手すり等の設置が困難な箇所の作業での墜落制止用器具は，フルハーネス型を使用すること。この作業は特別教育を修了した者が就く。

④ 墜落制止用器具を使用するときは，墜落制止用器具を安全に取り付けるための設備（墜落制止用器具取付設備）を設けること。

⑤ 高所作業を行う場所には，作業が安全に行えるよう必要な照度の照明設備を設けること。

⑥ 悪天候下では作業をしない。

5．2　足場の組立

高所作業を行う場合には，足場を組み立て，作業床を確保して，安全に作業を行うことが第一である。足場や脚立足場等の組立，解体，変更には特別教育を修了した者が就き，資格を持った作業主任者の下で行われなければならない。

足場に関して守るべき事項の主なものは，次のとおりである。

① 足場等の組立作業は，墜落を低減させる「手すり先行工法」で行う。

② 作業床は，足場の構造や使用材料に応じて定められた積載荷重以上の荷を作業床に乗せないこと。

③ 足場に設ける作業床の幅は40cm以上とし，床材間のすき間は3cm以下，床材と建地との隙間は12cm未満とすること。

④ 足場の建地の中心間の幅が60cm以上の場合，(1)わく組足場では，下さんの代わりに，高さ15cm以上の幅木，(2)わく組足場以外の足場では，手すりや中さんに加えて幅木などを設置する。

⑤ 鋼管足場の場合は，移動式足場を除き，その脚部に足場が滑って動いたり沈んだりしないように，ベース金具を用い，敷き板，敷き角などで根がらみ[*2]を設けること。

⑥ 墜落制止用器具を着用する（5．1項参照）。

5．3　脚立の使用

脚立からの墜落防止するため，守るべき事項の主なものは，次のとおりである。

① 脚立は大きさ2m未満の著しい損傷のない丈夫な構造とし，踏み面は安全な作業を行う面積を有するものを使用する。

② 脚と水平面との角度は75度以下とし，開脚角度を保持する開き止め金具をしっかり固定する。

---

*1　高所作業：地上から2m以上の場所で行う作業。
*2　根がらみ：足場の建地の根元などに横につないで足元を固めるための補強材。

③ 脚部に滑り止めを付け，水平で段差がないところに設置する。
④ 昇降はゆっくりと行い，物を持って昇降をしない。
⑤ 天板で作業しないで，2段目の踏みさんに足を置いて作業する。また身を乗り出さない。
⑥ 脚立を足場，ゴンドラ，ひさしの上で使用しない。

［脚立足場］
① 足場板（作業床）の高さは2m未満とし，脚立の支持間隔は1.8m未満とする。
② 足場板は3点支持以上，突出部の長さは10cm以上かつ，足場板の1/18以下とし，重ね長さは支点上で20cm以上とする。

5．4　開口部からの墜落の防止

開口部からの墜落災害を防止するため，次のような措置を行うこと。
① 開口部やピットの周囲には，丈夫な囲い，手すり，覆いなどを設けること。
② 開口部やピットは，特に明るくし，かつ，目立つように赤い布などを下げたり，黄色と黒の縞模様で表示をするなどの措置をすること。
③ 溝のふた（蓋），マンホールのふたなどを作業の都合で開けるときは，監視人を置くか，上記の措置をすること。

5．5　高所作業車の使用

高所作業で高所作業車を用いて作業を行う場合には，次のことを行わなければならない。
① 作業指揮者の指揮に基づき作業を行うこと。
② 高所作業車の転倒を防止するため，アウトリガーを張り出すなどの措置をすること。
③ 作業床の上の者と作業床を操作する者は，連絡のための合図を定めておくこと。
④ 作業床の積載荷重を超えて人や荷を積載させないこと。
⑤ 走行中，高所作業車の作業床に乗らないこと。
⑥ 高所作業車の作業床の上で作業するときは，安全帯を使用すること。
⑦ その日の作業開始前に，制動装置，操作装置，作業装置の機能を点検すること。

第6節　原　材　料

取り扱う原材料に対する知識が不十分なため，思わぬ災害が発生することがある。特に危険物や有害物については，その性質や取扱い方法をラベル表示やSDSなどで確認し，十分に理解してから作業を適切に行うことが必要である。

6．1　爆発・火災災害の防止

原材料や製品などによる爆発・火災災害を防止するための基本的事項は，次のとおりである。

① 引火性の物の取り扱いは，原則として引火点以下の温度で行わなければならない。もし，常温以下の引火点の物を取り扱う場合や，引火点以上に加熱することが必要な場合は，液体はもちろん，それらの蒸気のろうえい（漏洩）を防止すること。

② 常温以下の引火点の物の蒸気の漏出（ろうしゅつ）を防げないときは，屋内にその蒸気が滞留しないように十分換気を行うこと。

③ 可燃性ガスを取り扱うときは，爆発を起こすような混合ガスをつくらないこと。

④ 爆発を起こす点火源を，ガス取扱い場所に置かないこと。

⑤ 自然発火をする物を積み重ねるときは，危険な温度に達しないよう措置すること。

6．2　有　害　物

職場で使用する有害物は多種類に及ぶが，比較的多く取り扱われるものに，トリクロルエチレン，トルエンなどの有機溶剤がある。これらは塗料の薄め液や接着剤などに含まれている場合が多い。

有害物による健康障害は，皮膚から体内に入るもの，作業中に発生するガスや蒸気を吸い込むものなどいろいろな侵入経路があるが，それらの有害性は視覚，聴覚など感覚的に判断することが困難であるし，また，急性中毒のほかは，長期間経過後でないとその有害物により発症した病気であるかどうかが判明しないために，それらによる健康障害に対する対策が手遅れになる場合が多く見られる。

これらを取り扱う場合には，定められた保護具を必ず着用すること。

第7節　有害物抑制装置

作業者の健康管理に関する問題は，幅広くかつ多様化している。

有害ガス，蒸気，粉じんが発散する作業場では，それらの有害物を排出するため，除じん装置や排気ガス処理装置などが付いた局所排気装置や廃液処理装置を用いて有害物を除去したり抑制するなどして，化学物質による職業性疾病を予防する一助にしている。

なお，酸素欠乏場所においての換気装置は，生命線である。

7．1　有害物抑制装置の留意事項

有害物抑制装置は，自らの健康を守るための大切な物であり，常にその装置が効率よく有効に稼働するようにしておかなければならない。

まちがっても自ら作動させなくするようなことは，厳につつしまなければならない。

有害物抑制装置に関する留意事項は，次のとおりである。
① 有害物抑制装置の設置理由や機能をよく理解し，有効に活用すること。
② 修理などのため，これらの装置を一時停止させようとする場合には，必ず事前に責任者の承認を得ておくこと。
③ 修理などでこれらの装置を，一時，機能させなくしたときは，その旨を標示し，修理などが完了した場合，ただちに復元しておくこと。
④ これらの装置の不良状態を発見したときは，ただちに作業を中止し，修理を依頼すること。

第8節 作 業 手 順

作業手順とは，正しい作業のやり方を定めたものであり，工程，品質，安全衛生，作業効率いずれの面からも基準となる作業動作の順序を示したものである。

職場の誰もが行えるように，作業者の立場に立って，安全で無理な動作とならないよう作業の手順ごとに急所や注意事項を加えて標準化し，制度化したものを作業標準という。

8．1　作業手順の作成の意義と必要性

職場の安全化を図ることは，誰一人災害を起こさないように，また災害を受けないように設備や環境の安全化を図るとともに，設備，機械，工具を取り扱う過程で作業者が正しい作業方法で作業を行うことが大切である。

8．2　作業手順の定め方

作業手順は，
① 作業者の意見を反映し，作業者の理解，納得，参画意識を得やすいものにすること。
② 動作，作業姿勢に無理・無駄・むらのないものにすること。
③ 共同作業における分担，連絡，合図の方法を明確にすること。
④ 予想される危険について十分検討し，対策などを盛り込むこと。
が必要である。

それにはこれから行おうとする作業，又は現に行っている作業を次の要領で分析し作業手順を作成する。
① 作業の分析は，作業をできるだけ細かい単位に細分化する。
② 細分した作業の小さい単位を要素単位といい，これをいくつかまとめたものを，単位作業という。この単位作業をいくつか組み合わせたものを，まとわり作業という。一般に「準備作業」，「本作業」，「後始末作業」に分けられる。

③ 分析が終了したら，不要なステップを取り除く。動作に無理があるものを無理のないように改良する。残ったステップにある危険要因を排除するなど安全の面からチェックする。
④ 作業の手順と急所を定める。
⑤ 必要な保護具，禁止事項を明記する。

これをまとめると，作業標準ができあがる。

第9節　業務上疾病の原因とその予防

業務上疾病とは，仕事に起因して発生する健康障害をいい，業務上疾病には，職業性疾病のほかに業務上の負傷に起因する疾病（負傷の後遺症，続発症）などがある。

9.1　有害光線

アーク溶接やガスによる溶接，溶断作業に見られる急性疾患に，電光性眼炎がある。強い紫外線に照射されると，刺激が非常に強く照射された部位に傷害を起こす。

この障害を予防するためには，作業中，作業者はもちろん保護めがねを使用し，周囲で作業する人達もそれらの紫外線から目を守るために，遮光板や遮へいのためのついたてを使用することが必要である。

また，レーザー光線による健康障害を防止するために，レーザー機器の能力に応じた必要な措置を行うとともに，適正な保護具の使用などの作業管理や健康管理を適正に行うことが必要である。

9.2　騒音

騒音は耳から入って大脳の聴覚域に達し，音として感じとられる振動（波）である。強烈な騒音は難聴を引き起こす。話し声や音楽に騒音が重なって，聴覚域に達すると聞き取り障害が起きる。

騒音の聴力への影響は，爆発音など瞬発的な強烈な音によって引き起こされる音響外傷と，騒音職場に長年さらされることにより，徐々に聴力が低下する騒音性難聴とがある。

騒音性難聴は進行する日常の会話にも支障をきたすようになり，作業能率も低下するようになる。騒音性難聴は医学的な治療による回復は期待できない。また，CDやカセットテープなどをイヤホンだけで聴くときには，音量をできるだけ小さくして聴くようにしないと，騒音性難聴と同様に聴力に影響を及ぼすことがある。

騒音性難聴を防止するためには，作業者が騒音にさらされる時間を低減することが必要で，そのために騒音の測定が必要になる。そして，その結果に基づき，騒音対策を行うことが必要である。

騒音性難聴を予防するための防音保護具である耳栓やイヤーマフ（耳覆い）は，JISに適合したものを使用しなければならない。水泳用の耳栓では，騒音を遮断できない。

騒音防止対策は難しいが，次のことがあげられる。
① 機械等の振動等により発する騒音の発生原因を除去する。
② 騒音発生源の密閉化，遮音吸音装置を使用する。
③ 耳栓，イヤーマフ（耳覆い）を着用する。
④ 作業時間に配慮し，時間の低減を図る。
⑤ 健康診断時による聴力測定を実施する。

9.3 振　　動

ハンドグラインダなど手で保持して使用する振動工具を長時間使用していると，手指，上肢にしびれ，痛み，こわばりなどの神経症状や手指のそう白現象，上肢の骨，関節などに障害が現れる。

振動障害の予防対策には，次のようなものがある。
① 振動の少ない構造の工具を使用する。
② 防振手袋を着用する。
③ 作業時間，休憩時間を適正にする。

9.4 有害ガス・蒸気

労働環境が，有害なガス・蒸気によって汚染されると，有害物の種類，有害性により，様々な職業性疾病が発生する。これらの疾病には，一酸化炭素中毒，有機溶剤中毒のような急性のものばかりでなく，ものによっては「がん」を発生させる有害物がある。

これら有害なガス・蒸気による健康障害を防止するためには，次のような対策をとる必要がある。
① 有害なガスや蒸気の発生しない原材料の代替を考えること。
② 発散源の密閉化を図ること。
③ 局所排気装置など換気装置の設置と適正稼働を行うこと。
④ 適正な呼吸用保護具を正しく着用すること。

9.5 粉じん

空気中に浮遊している固体微粒子を粉じんといい，粉じんのうち職業性疾病として注目すべきものは鉱物性粉じんである。

鉱物性粉じんを吸入するすることによって発症する疾病はじん肺といわれ，古くからある職業性疾病の1つである。じん肺は，鉱物などの掘削作業や金属の研磨作業などにより発生する粉じん，アーク溶接作業により発生するヒューム（酸化物粉じん）のうち，微細な粉じんが肺の奥まで入り込み沈着し，そのような粉じんを吸い続けることによって肺が堅くなり呼吸が困難になる疾病である。じん肺は，今日吸い込んだ粉じんですぐ発症するものではないが，吸入し続けると，粉じん作業を離れて

も発症することがある。じん肺にり（罹）患した肺を元の健康な肺に戻すための治療法は現在の医学でも存在しない。

なお，同じ鉱物性粉じんでも比較的粒径の大きいものは，鼻や気管支などに付着して，「たん（痰）」となって対外に排出される。

鉱物性粉じんによる健康障害を防止するためには，次のような対策を取る必要がある。

① 発散源の密閉化を行うこと。
② 局所排気装置など換気装置を設置すること。
③ 粉じんの湿潤化を行うこと。
④ 適正な防じんマスクを正しく着用すること。

また，それに加えて，作業環境の整備とともに，清掃を十分行うことが必要である。

9.6 酸素欠乏症

人間を含む生物が地球上で活動することができるのは，空気中に酸素があるからである。地球を構成する各種の元素の中の約半分が酸素で占められている。大気圏に酸素が気体として現れた初めは，その濃度は低かったと思われるが，何億年かの間に植物の炭酸同化作用により，約21パーセントになり，この濃度で人類が生命を維持するようになった。

人間は，休むことなく呼吸をしているが，これは空気中の酸素を体の中に取り入れるために行っていることはいうまでもない。

酸素濃度が21パーセントより低くなり，酸素の摂取量が低下すると，脳の働きが衰え，呼吸回数が増加する。これは，単位時間当たりより多くの酸素を呼吸しようとするためである。また，それに伴い酸素を含む血液をより多く体内の各組織に運ぶため，脈拍数も多くなる。この状態は，高い山へ登ると，酸素濃度が希薄となり，高山病と呼ばれる現象が起きることでよく知られている。また，酸素濃度が10パーセント以下では意識がなくなり，昏睡状態となり死に至る。

酸素濃度が18パーセント未満の状態である「酸素欠乏」では，重症者が発見されてから人工呼吸を始めるまでの時間が長引くほど蘇生の機会が失われる。

メタン，エタン，ブタンを含有する地層や第一鉄塩類などを含有している地層を掘削したトンネル内などは，酸素欠乏危険場所になる。また，ケーブルやガス管など地下に敷設されている暗きょの内部なども同様の危険場所である。

これらの場所では，酸素濃度をあらかじめ及び定期に測定するとともに，十分な換気をして必要な酸素濃度を確保して作業を行うことが必要である。また，酸素濃度が低下するおそれがある場所では，異常な環境の変化に対応するために，空気呼吸器を作業者の人数分そろえておくなどの対策が必要である。

第10節　整理整とん及び清潔の保持

「安全はまず整理整とんから」といわれるほど，整理整とんは災害を防止する上で大切なことである。整理整とんされ，清掃がなされた清潔な職場では，作業の能率が上がり，災害を防ぐ上でも最大の効果がある。

10．1　整理整とんの目的

整理とは必要な物と必要でない物を分けることで，必要でない物は，廃棄又は倉庫などに必要になるまで保管することである。整とんは必要な物を分かりやすく棚などに名称を表示することである。これらを確実に実行することにより，災害防止のほか，作業能率の向上が期待でき，また，同時に次のような利点がある。
① 狭い場所が広く使用できる。
② 物を探す時間が短縮できる。
③ つまずき，滑りなどの災害がなくなる。

10．2　整理整とんの要領

整理整とんを徹底するためには，まず，すべての物の正しい置き場所と置き方を決めることが必要である。そしてそれを常に実施するよう習慣づけるとともに，全員の協力が必要である。
整理整とんなどで守るべきことは，次のとおりである。
① 決められた基準，規定を確実に守り実行する。
② 定められた場所，置くべき場所に物を置く。
③ 通路には十分な幅を確保し，物を置かない。運搬のために一時的に置く場合でも，できるだけ早く片づける。
④ 作業床や通路は常に清潔に保つとともに，自分の作業場所は，自分で整理整とんする。

10．3　清潔の保持

健康で快適な職場を築くためには，設備や環境の改善に努めるとともに，常に清潔に保持し汚されないよう心掛ける必要がある。

第11節　事故等における応急措置及び退避

職場では，順調な生産活動が行われることが望ましいが，ときには異常事態が発生して，これが生

産を阻害するか，また，災害が発生することがあるので，自分の作業範囲の異常に注意を払い，早期発見に努めることが必要である。

11．1　異常事態の発見時の措置

災害に直結するか，そのおそれのある異常事態を発見したり，通報を受けた場合には，適切な処置を取り災害を防止し，又は適切な避難行動を起こすことが大切である。

異常事態を発見したときの措置は次のとおりである。

① 確認

　人命の安全確保を最優先に，発見した異常事態の真相について確認する。

② 連絡

　発見した異常事態について，周りの作業者に伝えるとともに上司に連絡する。

③ 報告

　連絡に当たっては，異常事態についてその要点をまとめ報告する。

④ 処置

　発見した異常状態について，適切な処置を取る。必要があれば，他の作業者の協力を求める。

11．2　退　　避

爆発，火災や異常状態において，それが拡大するおそれがあるときは，付近の者に知らせるとともに，安全な場所に避難する。

退避に関しては，混乱をきたさないよう常に訓練しておくとともに，事前に役割分担を決めておく。避難通路，避難出口を物で塞がないよう日頃から点検し，また誘導灯を隠すようなものは排除しておく。

また，夜間における退避については，停電時の照明について検討しておくことが大切である。

【練　習　問　題】

次の文章の中で，正しいものには〇印を，誤っているものには×印をつけなさい。
（1）『不安全な行動』をなくすために，災害防止に対する感受性を高める小集団活動を導入することがよい。
（2）点検は，作業者が自分の使用する機械を点検すれば記録しなくてもよい。
（3）手工具は，機械や作業台のそばに整理箱を置き，その中に整理しておく。
（4）アーク溶接作業に使用する溶接棒ホルダの絶縁部分は，直接手が触れる部分ではないので，先端が多少欠けていてもそのまま使用できる。

（5） 開口部やピットの端には，黄色と黒の縞模様で表示をすれば，その周囲には，囲いや手すりなどは設ける必要がない。

（6） 常温以下の引火点の物の蒸気が室内に漏出（ろうしゅつ）した場合には，その蒸気が室内に滞留しないよう十分に換気を行う。

（7） 修理などで有害物抑制装置を，一時停止する場合，その旨を標示しておく。

（8） 作業手順とは，正しい作業のやり方を定めたものであり，工程，品質，安全衛生，作業効率いずれの面からも基準となる作業動作の順序を示したものである。

（9） 酸素濃度が10パーセント以下を酸素欠乏という。

（10） 整理整とんは，すべての物の正しい置き場所と置き方を決め，それを常に実施するよう習慣づけることが必要である。

（11） 退避をする場合混乱をきたさないよう常に訓練しておくとともに避難通路，避難出口を確保しておく。

第2章　労働安全衛生法とその関係法令

　ここでは，労働災害を防止するために制定された労働安全衛生法を中心とし，作業に関し安全衛生に関係する法令等の規定をあげる。

　労働安全衛生法は，その大部分を事業者の責務として規定しているが，条文によっては労働者の責務を規定しているものもあり，さらにはすべての人に対して規定している条文もある。

第1節　総　　則

　労働安全衛生法を中心とし，作業に関し安全衛生上関係する法令名をあげると次のようになる。

1．1　労働安全衛生に関する法令及びその名称

　作業に関するのは，これらの法令のうちの一部分である。
① 　労働安全衛生法（略称「法」）
② 　労働安全衛生法施行令（略称「令」）
③ 　労働安全衛生規則（略称「安衛則」）
④ 　クレーン等安全規則（略称「ク則」）
⑤ 　有機溶剤中毒予防規則（略称「有機則」）
⑥ 　酸素欠乏症等防止規則（略称「酸欠則」）
⑦ 　粉じん障害防止規則（略称「粉じん則」）
⑧ 　じん肺法及び関係法令

1．2　労働安全衛生法の目的

法第1条
　この法律は，労働基準法（昭和22年法律第49号）と相まって，労働災害の防止のため危害防止基準の確立，責任体制の明確化及び自主的活動の促進の措置を講ずる等その防止に関する総合的計画的な対策を推進することにより職場における労働者の安全と健康を確保するとともに，快適な職場環境の形成を促進することを目的とする。

第2節　安全衛生管理体制

　事業場における安全衛生を確保するための管理体制を確立し，適正な運営を図ることは重要なこと

である。そのため労働安全衛生法において，その組織と担当業務を規定している。

2．1　総括安全衛生管理者（法第10条）

（1）　事業者は，政令で定める規模の事業場ごとに，厚生労働省令で定めるところにより，総括安全衛生管理者を選任し，その者に安全管理者，衛生管理者等の指揮をさせるとともに，次の業務を統括管理させなければならない。

① 労働者の危険又は健康障害を防止するための措置に関すること。
② 労働者の安全又は衛生のための教育の実施に関すること。
③ 健康診断の実施とその他健康の保持増進のための措置に関すること。
④ 労働災害の原因の調査及び再発防止対策に関すること。
⑤ その他，労働災害を防止するため必要な業務。

（2）　総括安全衛生管理者は，当該事業場においてその事業の実施を統括管理する者をもって充てなければならない。

2．2　安全管理者（法第11条）

事業者は，政令で定める業種及び規模の事業場ごとに，一定の資格を有する者のうちから安全管理者を選任し，その者に総括安全衛生管理者の業務のうち安全に係る技術的事項を管理させなければならない。

2．3　衛生管理者（法第12条）

事業者は，政令で定める業種及び規模の事業場ごとに，都道府県労働局長の免許を受けた者等の資格を有する者のうちから，当該事業場の業務の区分に応じて，衛生管理者を選任し，その者に総括安全衛生管理者の業務のうち衛生に係る技術的事項を管理させなければならない。

2．4　産業医（法第13条）

事業者は，政令で定める規模の事業場ごとに，医師のうちから産業医を選任し，その者に労働者の健康管理等の事項を行わせなければならない。

2．5　作業主任者（法第14条）

事業者は，高圧室内作業その他の労働災害を防止するための管理を必要とする作業で，政令で定めるものについては，都道府県労働局長の免許を受けた者又は都道府県労働局長若しくは都道府県労働局長の指定する者が行う技能講習を修了した者のうちから，厚生労働省令で定めるところにより，当該作業の区分に応じて，作業主任者を選任し，その者に当該作業に従事する労働者の指揮その他の厚

生労働省令で定める事項を行わせなければならない。

作業主任者を選任すべき作業は令第6条に規定されており，その一部を次に示す。

① アセチレン溶接装置又はガス集合溶接装置を用いて行う金属の溶接，溶断又は加熱の作業。
② 土止め支保工の切りばり又は腹おこしの取付け又は取りはずしの作業。
③ つり足場，張出し足場又は高さが5m以上の構造の足場の組立て，解体又は変更の作業。
④ 酸素欠乏危険場所における作業。
⑤ 屋内作業場又はタンク，船倉若しくは坑の内部等において有機溶剤を取り扱う業務に係る作業。

2．6　安全衛生推進者等（法第12条の2）

事業者は，安全管理者を選任すべき事業場及び衛生管理者を選任すべき事業場以外の事業場で，厚生労働省令で定める規模のものごとに，厚生労働省令で定めるところにより，安全衛生推進者（安全管理者を選任すべき業種以外の業種の事業場にあっては，衛生推進者）を選任し，その者に総括安全衛生管理者の業務を担当させなければならない。

第3節　労働災害を防止するための措置

労働災害を防止するための事業者の責務及び労働者の守るべき事項は次のとおりである。

3．1　事業者の講ずべき措置等

法第20条

事業者は，次の危険を防止するため必要な措置を講じなければならない。
一　機械，器具その他の設備（以下「機械等」という。）による危険
二　爆発性の物，発火性の物，引火性の物等による危険
三　電気，熱その他のエネルギーによる危険

法第21条

事業者は，掘削，採石，荷役，伐木等の業務における作業方法から生ずる危険を防止するため必要な措置を講じなければならない。

2　事業者は，労働者が墜落するおそれのある場所，土砂等が崩壊するおそれのある場所等に係る危険を防止するため必要な措置を講じなければならない。

法第22条

事業者は，次の健康障害を防止するため必要な措置を講じなければならない。
一　原材料，ガス，蒸気，粉じん，酸素欠乏空気，病原体等による健康障害
二　放射線，高温，低温，超音波，騒音，振動，異常気圧等による健康障害

三　計器監視，精密工作等の作業による健康障害

四　排気，排液又は残さい物による健康障害

法第23条

　事業者は，労働者を就業させる建設物その他の作業場について，通路，床面，階段等の保全並びに換気，採光，照明，保温，防湿，休養，避難及び清潔に必要な措置その他労働者の健康，風紀及び生命の保持のため必要な措置を講じなければならない。

法第24条

　事業者は，労働者の作業行動から生ずる労働災害を防止するため必要な措置を講じなければならない。

法第25条

　事業者は，労働災害発生の急迫した危険があるときは，直ちに作業を中止し，労働者を作業場から退避させる等必要な措置を講じなければならない。

3．2　労働者の責務

法第26条

　労働者は，事業者が第20条から第25条まで（中略）の規定に基づき講ずる措置に応じて，必要な事項を守らなければならない。

　労働安全衛生規則に基づき労働者が守るべき措置を抜粋する。

（1）機械による災害の防止のための措置

①　第29条第1項　安全装置の有効保持

②　第101条第5項　踏切橋の使用

③　第104条第2項　運転開始の合図

④　第105条第2項　加工物等の飛来による危険を防止するための保護具の使用

⑤　第106条第2項　切削屑の飛来等による危険を防止するための保護具の使用

⑥　第108条第4項　運転中の機械の刃部の切粉払い，切削剤の使用時のブラシ等の用具の使用

⑦　第110条第2項　作業帽の使用

⑧　第111条第2項　手袋の使用禁止

（2）通路等による災害の防止のための措置

①　第558条第2項　通路等の構造，作業の状態に応じて事業者が定めた安全靴等定められた履き物の使用

　その他の厚生労働省が定めている規則に基づき労働者が守るべき措置を抜粋する。

①　酸欠則第5条の2　空気呼吸器の使用を命ぜられた場所での空気呼吸器の使用

②　有機則第34条　送気マスク又は有機ガス用防毒マスクの使用を命ぜられた場所での送気マスク

又は有機ガス用防毒マスクの使用
③ 粉じん則第23条第3項　粉じん作業に従事したとき，休憩設備を利用する前に，作業衣等に付着した粉じんの除去
④ 粉じん則第27条第2項　粉じん作業に有効な呼吸用保護具の使用を命ぜられた場合，当該呼吸用保護具の使用

第4節　安全衛生教育

安全衛生教育には，雇入れ時，作業内容変更時，危険有害業務につかせる前の特別教育，職長教育がある。

法第59条

事業者は，労働者を雇い入れたときは，当該労働者に対し，厚生労働省令で定めるところにより，その従事する業務に関する安全又は衛生のための教育を行わなければならない。

2　前項の規定は，労働者の作業内容を変更したときについて準用する。

3　事業者は，危険又は有害な業務で，厚生労働省令で定めるものに労働者をつかせるときは，厚生労働省令で定めるところにより，当該業務に関する安全又は衛生のための特別の教育を行わなければならない。

4．1　雇入れ時の教育（安衛則第35条）

事業者は，労働者を雇い入れたときは，当該労働者に対し，厚生労働省令で定める項目について，その従事する業務に関する安全又は衛生のための教育を行わなければならない。

4．2　作業内容変更時の教育（安衛則第35条）

作業内容を変更した場合についても，雇入れ時の教育と同様に，その従事する業務に関する安全衛生教育を，事業者は行わなければならない。

4．3　特別教育（安衛則第36条）

事業者は，危険又は有害な業務で，厚生労働省令で定める業務に労働者をつかせるときは，厚生労働省令で定めるところにより，当該業務に関する安全又は衛生のための特別の教育を行わなければならない。

特別教育の必要な業務（抜粋）

① 研削といしの取替え又は取替え時の試運転の業務
② アーク溶接機を用いて行う金属の溶接，溶断等の業務

③ 最大荷重1トン未満のフォークリフトの運転（道路上を走行させる運転を除く。）の業務

④ 動力により駆動される巻上げ機の運転の業務

⑤ つり上げ荷重が5トン未満のクレーンの運転の業務

⑥ つり上げ荷重が1トン未満の移動式クレーンの運転（道路上を走行させる運転を除く。）の業務

⑦ つり上げ荷重が1トン未満のクレーン，移動式クレーンの玉掛けの業務

⑧ 足場の組立て，解体又は変更の作業にかかる業務（地上又は堅固な床上における補助作業の業務は除く）

第5節　就業制限

就業制限業務には，免許を必要とするもの，技能講習の修了を必要とするものがある。

法第61条

事業者は，クレーンの運転その他の業務で，政令で定めるものについては，都道府県労働局長の当該業務に係る免許を受けた者又は都道府県労働局長若しくは都道府県労働局長の指定する者が行う当該業務に係る技能講習を修了した者その他厚生労働省令で定める資格を有する者でなければ，当該業務に就かせてはならない。

2　前項の規定により当該業務につくことができる者以外の者は，当該業務を行ってはならない。

3　第1項の規定により当該業務につくことができる者は，当該業務に従事するときは，これに係る免許証その他の資格を証する書面を携帯していなければならない。

5．1　免許の必要な業務（抜粋）

① つり上げ荷重が5トン以上のクレーン（床上で運転し，かつ，当該運転をする者が荷の移動とともに移動する方式のクレーン（以下「床上操作式クレーン」という。）を除く。）の運転の業務

② つり上げ荷重が5トン以上の移動式クレーンの運転（道路交通法に規定する道路上を走行させる運転を除く。）の業務

③ つり上げ荷重が5トン以上のクレーンで，床上で運転し，かつ，当該運転をする者がクレーンの走行とともに移動する方式のクレーン（床上操作式クレーンを除く。）の運転の業務（限定免許）

5．2　技能講習修了の必要な業務（抜粋）

① 可燃性ガス及び酸素を用いて行う金属の溶接，溶断又は加熱の業務──（ガス溶接技能講習）

② つり上げ荷重が5トン以上の床上操作式クレーンの運転の業務──（床上操作式クレーン運転技能講習）

③ つり上げ荷重が1トン以上5トン未満の移動式クレーンの運転（道路交通法に規定する道路（以下「道路」という。）上を走行させる運転を除く。）の業務──（小型移動式クレーン運転技能講習）

④ 最大荷重が1トン以上のフォークリフトの運転（道路上を走行させる運転を除く。）の業務──（フォークリフト運転技能講習）

⑤ つり上げ荷重が1トン以上のクレーン，移動式クレーンの玉掛けの業務──（玉掛技能講習）

第6節　健康管理・作業環境管理

健康管理は，健康診断及びその結果に基づく事後措置，健康測定結果に基づく健康指導など生活全般にわたる幅広い内容をもっている。

健康管理は，健康診断や健康測定を通じて労働者の健康状態を把握し，作業環境や作業態様との関連を検討することにより，健康障害を未然に防ぐ目的で行うものである。

また，職場の作業環境を管理することは，健康管理と一体となって健康障害を未然に防ぐことにおいて大きな意味のあることである。それだけに，作業環境管理を進めるうえでの作業環境測定の重要さが認識されなければならない。

6．1　健康診断

健康管理の1つの方策として，健康診断がある。

法第66条

事業者は，労働者に対し，厚生労働省令で定めるところにより，医師による健康診断を行わなければならない。

2　事業者は，有害な業務で，政令で定めるものに従事する労働者に対し，厚生労働省令で定めるところにより，医師による特別の項目についての健康診断を行わなければならない。有害な業務で，政令で定めるものに従事させたことのある労働者で，現に使用しているものについても，同様とする。

3　事業者は，有害な業務で，政令で定めるものに従事する労働者に対し，厚生労働省令で定めるところにより，歯科医師による健康診断を行わなければならない。

4　（略）

5　労働者は，前各項の規定により事業者が行う健康診断を受けなければならない。ただし，事業者の指定した医師又は歯科医師が行う健康診断を受けることを希望しない場合において，他の医師又は歯科医師の行うこれらの規定による健康診断に相当する健康診断を受け，その結果を証明する書面を事業者に提出したときは，この限りでない。

法第66条の4

　事業者は，法第66条第1項から第4項まで若しくは第5項ただし書又は第66条の2の規定による健康診断の結果（当該健康診断の項目に異常の所見があると診断された労働者に係るものに限る。）に基づき，当該労働者の健康を保持するために必要な措置について，厚生労働省令で定めるところにより，医師又は歯科医師の意見を聴かなければならない。

法第66条の5

　事業者は，前条の規定による医師又は歯科医師の意見を勘案し，その必要があると認めるときは，当該労働者の実情を考慮して，就業場所の変更，作業の転換，労働時間の短縮，深夜業の回数の減少等の措置を講ずるほか，作業環境測定の実施，施設又は設備の設置又は整備その他の適切な措置を講じなければならない。

（1）雇入時の健康診断（安衛則第43条）

　事業者は，常時使用する労働者を雇い入れるときは，医師による健康診断を行わなければならない。

（2）一般健康診断（安衛則第44条）

　一般健康診断は，全従業員に対し通常1年に1回行わせる。

（3）特殊健康診断（令第22条第1項及び同条第2項）

　有害な業務で，政令で定める特定の作業者（有機溶剤取扱作業者，粉じんの発生する作業に従事する作業者など）に対し，関係法令で定めた期間ごとに医師により，関係法令で定められた特別の項目についての健康診断を行わなければならない。有害な業務で政令で定めるものに従事させたことのある労働者で，現に使用しているものについても，同様である。

（4）歯科医師による健康診断（令第22条第3項）（安衛則第48条）

　事業者は，有害な業務で，政令で定めるものに従事する労働者に対し，厚生労働省令で定めるところにより，歯科医師による健康診断を行わなければならない。

6．2　作業環境の測定（法第65条）

　作業環境の測定は，作業場所において有害要因からできるだけ作業者が暴露される機会を少なくするため，当該作業場所におけるその有害物質の暴露状況を把握するために行い，その結果に基づき作業場所を評価し，それら有害物に対する環境改善を行うことが必要になってくる。

【練習問題】

次の文章の中で，正しいものには〇印を，誤っているものには×印をつけなさい。

（1）　事業者は，酸素欠乏危険場所において作業する場合には，酸素欠乏危険作業主任者を選任し

なければならない。

（2）　事業者は，電気，熱その他エネルギーによる危険を防止するため必要な措置を講じなければならない。

（3）　事業者は，作業内容変更時にその従事する業務に関する安全衛生教育を行わなければならない。ただし，雇い入れ時の教育終了者はこの限りではない。

（4）　つり上げ荷重が1トン以上の移動式クレーンの運転は，移動式クレーン運転技能講習修了者でなければならない。

（5）　健康管理とは，健康診断を行うことである。

【練習問題の解答】

[共　通　編]

第1編　基礎知識

＜第1章＞

（1）　○

（2）　①　○

　　　②　○

　　　③　×：管の内径に反比例する。

　　　④　○

（3）　×：25Aの90°エルボの局部抵抗の相当管長は0.90mである。

＜第2章＞

（1）　○

（2）　○

（3）　×：4.18kJ

（4）　○

（5）　×：1/273

第2編　材　　料

＜第1章＞

（1）　○

（2）　×：最高使用圧力は1MPa以下である。

（3）　○

（4）　×：ポリエチレン粉体を管内面に融着し，管外面はポリエチレンを被覆して製造する。

（5）　○

（6）　○

（7）　×：ポリエチレン管は，衝撃に強く，耐寒性，耐熱性に優れている。

（8）　○

（9）　×：Ⅰ類は都市下水管，Ⅱ類は一般排水用に使用される。

＜第2章＞

（1）　○

（2）　○

（3）　○

(4) ×：温度90℃以下の水の配管接合に使用する。
(5) ×：接合する管の種類に応じて1種管用と2種管用がある。
(6) ○
(7) ×：取付け場所を広く必要とするので屋内ではあまり使用されない。

<第3章>
(1) ○
(2) ○
(3) ○
(4) ○
(5) ×：バタフライ弁は構造が簡単で，小形軽量のため取付けスペースが小さい。
(6) ○
(7) ○
(8) ×：流体の圧力（一次圧力）を一定の圧力（二次圧力）に下げる場合に使用するので，減圧弁とも呼ばれる。
(9) ×：温度調節弁は，蒸気や高温水の供給量を加減して，温水温度を一定に調整できる。
(10) ○

<第4章>
(1) ×：パッキンは，回転部やしゅう動部などの運動部分のシールに用いる。
(2) ×：天然ゴムは弾性が大きく，熱や油には弱い。
(3) ○
(4) ○
(5) ×：シールテープの使用温度範囲は，−100〜260℃である。
(6) ○
(7) ×：ソフトパッキンには，合成樹脂，黒鉛，ゴム，麻などが使用される。

<第5章>
(1) ○
(2) ○
(3) ×：共用の形鋼を用いて管支持する。図2−25参照。
(4) ×：図2−26に示すように，共通の溝形鋼を用いて管支持する。
(5) ○
(6) ○
(7) ×：ボルトにはおねじ，ナットにはめねじが切ってある。

<第6章>
(1) ○
(2) ○
(3) ×：単水栓とは，水又は湯のみを単独に供給する水栓（横水栓，立水栓など）をいう。表2−20参照。

(4) ○
(5) ×：フロートトラップでなくバケットトラップは，バケットの形式により上・下向形がある。
(6) ○
(7) ○
(8) ○
(9) ×：U形ストレーナを別名バケットストレーナという。

<第7章>
(1) ×：リン銅の中に含まれているリンが酸化物を還元し，金属銅とする作用があるので，フラックスを必要としない。
(2) ○
(3) ○
(4) ×：メカニカル接合を行う場合には，ゴム輪などを挿入して接合する。
(5) ○
(6) ○

<第8章>
(1) ○
(2) ×：ロックウールは，石灰，けい酸を主成分とする鉱物を溶解し，繊維化したものである。
(3) ○
(4) ×：ビーズ法ポリスチレンフォーム保温材の使用温度は70～80℃である。
(5) ○
(6) ○
(7) ×：油性エナメルは，油脂性ペイントに比べて，防露，耐久力に弱いが速乾性はある。
(8) ○
(9) ×：水密コンクリートは，透水性の小さいコンクリートをいう。
(10) ×：プレキャストコンクリートとは，工場又は現場で，あらかじめ製造された製品をいう。

第3編　施工法一般

<第1章>
(1) ×：切断部が高温になり，ライニング部分がはく離する。
(2) ○
(3) ○
(4) ○
(5) ×：防食方法には，管端に防食剤を塗布する方法，コアを挿入する方法，防食形継手を使用する方法などがある。
(6) ×：管の切断面にできたまくれは，リーマ又はやすりで取り除く。

(7) ○
(8) ×：呼び径32A以下の銅管接合は，フレア接合又はユニオン接合とする。
(9) ×：管端は，継手の受口長さの1/3～2/3の間であればよい。
(10) ○
(11) ×：ポリエチレン管の軟化温度は120℃，溶融温度は125℃である。
(12) ×：ステンレス鋼管の肉厚は薄いので手動で行う場合は，高度の技術と熟練が必要である。
(13) ○
(14) ○
(15) ×：ステンレス鋼管の熱伝導率は鋼管や銅管より小さいので，はんだ付け接合の場合は，接合部全体を加熱する。
(16) ×：鋳鉄管のT形ゴム輪接合は，水道用・排水用鋳鉄管の接合に用いられる。
(17) ○
(18) ○

＜第2章＞
(1) ○
(2) ○
(3) ×：玉ベンドベンは，曲げ加工するときに生じる管のつぶれを管の内側から打ち出しするのに用いる。
(4) ×：はんだ（鉛60％，すず40％）の溶融点は238℃であるから，鉛管の加熱温度は120℃ぐらいが適当である。
(5) ○
(6) ×：水道用ポリエチレン二層管第1種の最小曲げ半径は，外径の約20倍である。
(7) ×：スプリングベンダは呼び径5A～20Aの管曲げ加工に用いる。
(8) ○
(9) ×：定置形パイプベンダは，主として25Su以上の管径の曲げ加工に用いる。
(10) ○

＜第3章＞
(1) ×：配水管のせん孔間隔は，最小300mm以上とする。
(2) ○
(3) ○
(4) ○
(5) ×：ラチェットハンドルとは，スピンドルに手動によって回転力を与えるハンドルである。
(6) ×：アダプタとは，せん孔機本体をねじにより，サドル付分水栓に固定する金具をいう。
(7) ×：排水用コックは，せん孔作業中に出る配水管の切り粉を水圧によって外部に放出する。
(8) ○
(9) ×：電気機器を使用するときは，感電防止のため必ずアースを取る。

<第4章>

(1) ○
(2) ○
(3) ×：褐色又は茶褐色である。
(4) ×：ガス混合部が火口にある。
(5) ○
(6) ×：溶接電流が低いときに生じやすい。
(7) ×：イルミナイト系軟鋼用被覆アーク溶接棒のことである。
(8) ○
(9) ○

<第5章>

(1) ○
(2) ×：水槽類の満水試験は，最小保持時間は24時間である。
(3) ×：配管系に石けん水を塗って発泡の有無で配管系からの漏水や臭気の漏れをテストする方法は気圧試験である。
(4) ○
(5) ○
(6) ×：マノメータは，ガラス管内に水銀又は水を入れて，圧力を測定するものである。
(7) ○
(8) ○
(9) ×：直読式水道メータは，計量値をディジタルによって積算表示する。
(10) ×：通風装置によって測定するのはアスマン乾湿計である。

<第6章>

(1) ○
(2) ○
(3) ×：表3－16より30mmである。
(4) ×：保温の厚さは，保温材主体の厚さとし，外装材及び補助材の厚さは含まない。
(5) ○
(6) ○
(7) ○
(8) ○
(9) ○
(10) ×：識別色の暗い赤色は蒸気を表す。ガスの識別色はうすい黄色である。

第4編 製　　図

<第1章>

(1)　○

(2)　×：倍尺は，尺度X：1，縮尺は，尺度1：Xのように表す。

(3)　○

(4)　×：管の呼び径はA又はB記号を，標準サイズはDN記号で図示する。

(5)　○

(6)　○

(7)　×：永久結合部の点の直径は，線の太さの5倍とする。

(8)　×：図Aは，ガイド式のつり金具である。

(9)　○

(10)　×：図Cは，排水口（平面図）の簡略図示である。

<第2章>

(1)　○

(2)　○

(3)　×：水平面内で斜行する管は，鉛直面上にその投影を示すことによって表す。

(4)　○

(5)　×：管の外径はd，肉厚はtで表す。

(6)　×：曲がり部の半径及び角度の投影をだ円で表すべき場合でも，これらの投影は簡略化して円弧で描いてもよい。

(7)　○

(8)　×：こう配の方向は，直角三角形のとがった先が管の高いほうから低いほうを示すように，流れ線の上側に示す。

(9)　○

(10)　○

<第3章>

(1)　×：第1位は材質，第2位は規格又は製品名，第3位は種類を表す。

(2)　○

(3)　○

(4)　○

(5)　×：STPGとは，圧力配管用炭素鋼鋼管を表す。

第5編　関係法規

<第1章>

（1）×：建築基準法ではその目的を，建築物の敷地，構造，設備及び用途に関する最低の基準を定めて，国民の生命，健康及び財産の保護を図り，もって公共の福祉の増進に資することと定めている。

<第2章>

（1）○

（2）×：兼用してはならない。

（3）○

（4）×：建築物に設ける排水の配管設備の設置及び構造は「建築基準法施行令第129条の2の5」に規定されている。

（5）×：直径60cm以上の円が内接することができるマンホールと規定されている。

<第3章>

（1）×：建築基準法施行令第129条の2の6第二号に，「給気口は，居室の天井の高さの2分の1以下の高さの位置に設け，常時開放された構造とすること。」と規定されている。

（2）○

（3）○

（4）○

（5）×：火を使用する設備又は器具を設けた室の換気設備の風道その他これに類するものに連結しないことと規定されている。

<第4章>

（1）○

（2）×：水平距離が25m以下となるように設ける。

（3）○

（4）○：消防令第11条第3項第一号ホに規定されている。

（5）×：減水警報装置及び呼水槽へ水を自動的に補給するための装置が設けられていることと規定されている。

第6編　安全衛生

<第1章>

（1）○

（2）×：点検はチェックリストを用いることにより，点検漏れのないようにし，点検事項として記録する。

（3）○

（4）×：アーク溶接作業に使用する溶接棒ホルダの絶縁部分，ホルダ用ケーブルの接続部分などに損傷がないものを使用すること。

（5）×：開口部やピットの周囲には，丈夫な囲い，手すり，覆いなどを設けること。

（6）○

(7) ○

(8) ○

(9) ×：酸素濃度が18パーセントより低い状態を酸素欠乏という。

(10) ○

(11) ○

＜第2章＞

(1) ○

(2) ○

(3) ×：雇い入れ時の教育と同様に行わなければならない。

(4) ×：つり上げ荷重が1トン以上の移動式クレーンの運転には免許が必要である。

(5) ×：健康管理は，健康診断や健康測定を通じて労働者の健康状態を把握し，作業環境や作業態様との関連を検討することにより，健康障害を未然に防ぐ目的で行うものである。

索 引

(ページ前の①，②は以下を示す。①：第1巻［共通編］に収録。②：第2巻［建築配管編］に収録)

あ

アーク溶接 ……………………… ①124
アスマン通風乾湿球温度計
　……………………………………… ①148
圧接法 …………………………… ①124
圧力計 ……………………………… ②36
圧力水頭 …………………………… ①2
圧力損失 …………………………… ①39
圧力タンク方式 …………………… ②37
油配管 …………………………… ②154
アルコール温度計 ……………… ①147
泡消火設備 ………………………… ②94
暗きょ内配管法 ………………… ②243
アンダカット ………………………… ①135
異形鉄筋 …………………………… ②10
引火 ……………………………… ①128
引火点 ……………………………… ①11
インサート ………………………… ①49
インダクションユニット …… ②115
飲料水 ……………………………… ①5
ウォーターハンマ …… ①40, ②189
ウォーム歯車 …………………… ①115
雨水ます ………………………… ②221
うず巻きポンプ …………………… ②34
エアスプレー方式 ……………… ①154
エアチャンバー ………………… ②189
エアレススプレー方式 ……… ①154
エアハンドリングユニット
　……………………………………… ②112
ALC ………………………………… ②16
衛生器具 …………………………… ②65
衛生陶器 …………………………… ②66
液化 ………………………………… ①9
液体膨張式圧力温度計 ……… ①147
MD継手 …………………… ①79, ②215
LPガス …………………………… ②153
遠心ポンプ ………………………… ②34
エンドフォーマ ………………… ①107
オーガスト乾湿計 ……………… ①147
大壁 ………………………………… ②5
オーバーフロー管 ……………… ②177
オーバラップ …………………… ①135
屋外消火栓 ………………………… ②87
屋外消火栓設備 …………………… ②86
屋内消火栓 ………………………… ②85
屋内消火栓設備 …………………… ②81
汚水ます ………………………… ②221
温度調整弁 ………………………… ①42

か

加圧送水装置 ……………………… ②82
カーボンブラック ………………… ①22
開口部 ……………………………… ②6
開先 ……………………………… ①125
階段 ………………………………… ②7
各個通気方式 ……………………… ②58
カ氏温度 …………………………… ①8
ガスエンジンコージェネレーショ
　ンシステム …………………… ②51
ガスケット ………………………… ①45
ガス事業法 ……………………… ①184
ガス瞬間湯沸器 …………………… ②41
ガス切断 ………………………… ①129
ガス配管 ………………………… ②151
ガスメータ ……………………… ②153
ガス溶接 ……………………… ①124, 126
合併処理浄化槽 …………………… ②76
壁 …………………………………… ②5
渦流ポンプ ………………………… ②35
側げた階段 ………………………… ②7
間接加熱 …………………………… ②47
間接排水 …………………………… ②62
感知器 ……………………………… ②96
気圧試験 ………………………… ①140
気化 ………………………………… ①9
機械換気 ………………………… ②134
機械式排水 ………………………… ②62
気化熱 ……………………………… ①9
汽水混合弁 ………………………… ②46
基礎 ………………………………… ②4
逆火 ……………………………… ①128
逆サイホン作用 ………………… ②172
逆流 ………………………… ①128, ②172
キャブタイヤコード …………… ①122
給水管 ……………………………… ②32
給水栓 …………………………… ①53, 54
給水装置 …………………………… ②30
給水ポンプ ………………………… ②33
給水用具 …………………………… ②32
給湯設備 …………………………… ②40
凝固 ………………………………… ①10
凝固熱 ……………………………… ①10
局所式給湯設備 …………………… ②41
杭基礎 ……………………………… ②11
空気抜き弁 …………………… ②188, 247
空気調和機 ……………………… ②112
空気調和システム ……………… ②121
空気配管 ………………………… ②154
管曲げ機 ………………………… ①106
グラスウール保温材 …………… ①65
グランドパッキン ……………… ①47
グリース阻集器 …………………… ①57
クロスコネクション …………… ②172
ゲージ圧力 ………………………… ①2
けい酸カルシウム保温材 …… ①66
軽量鉄骨下地 ……………………… ②13
下水道 ……………………………… ②27
下水道施設 ………………………… ②28
下水道法 ………………………… ①184
結露 ……………………………… ①149
嫌気ろ床接触ばっ気方式 …… ②77
建築基準法 ……………………… ①183
顕熱 ……………………………… ①9, 147
コア ……………………………… ①85

コイル ……………………… 2110	循環ポンプ ……………… 248	送風機 …………………… 2109
高圧ガス保安法 …………… 1183	蒸気トラップ ……………… 155	組積造 …………………… 217
工業用空気調和 …………… 299	小規模合併処理浄化槽 …… 276	
高度浄水処理 ……………… 226	衝撃式トラップ …………… 156	**た**
こう配の指示 ……………… 1165	上水道 …………………… 225	
合流式 …………………… 227	上水道施設 ……………… 226	ダートポケット …… 1141, 2248
固相接合 ………………… 1124	蒸発潜熱 …………………… 19	第1種機械換気法 ………… 2134
コック …………………… 142	蒸発熱 ……………………… 19	第2種機械換気法 ………… 2134
ゴム輪 …………………… 162	消防法 …………………… 1183	第3種機械換気法 ………… 2134
小屋組 ………………… 24, 5, 17	真壁 ……………………… 25	耐震支持金物 ……………… 150
コンクリート ……………… 170	真空計 …………………… 1142	体膨張係数 ………………… 110
	伸縮管継手 ………………… 150	ダイヤフラム圧力計 ……… 1143
さ	伸頂通気方式 ……………… 259	脱窒ろ床接触ばっ気方式 … 277
	水圧試験 ………………… 1138	玉ベンドベン ……………… 1108
サイホン管 ………………… 13	水銀温度計 ……………… 1146	ため棒 …………………… 1108
サイホン作用 ……………… 13	水質基準 …………………… 15	ダルシー・ワイスバッハの式
在来軸組構法 …………… 21, 2, 4	吸出し作用 ……………… 257	……………………………… 14
材料構造表示記号 ……… 221, 23	水道事業者 ……………… 231	タンクレス方式 …………… 238
先止め式 ………………… 243	水道法 …………………… 1184	中央監視装置 …………… 2120
ささらげた階段 …………… 27	スケジュール番号 ………… 117	中央管制方式 …………… 2120
雑排水ます ……………… 2221	ステンレス鋼管用パイプベンダ	中央式給湯設備 ………… 247
サドル式せん孔機 ………… 1120	……………………………… 1115	直接加熱 ………………… 247
サドル付分水栓 ………… 1119	ストレーナ ……… 158, 2248	貯湯式給湯設備 …………… 240
座標 ……………………… 1173	砂阻集器 ………………… 157	貯湯式湯沸器 …………… 244
座標軸 …………………… 1170	スパイラルダクト ………… 167	通気試験 ………………… 1141
残留応力 ………………… 1125	スプリングバック ……… 1107	通水試験 ………………… 1140
シーリング材 …………… 1153	スプリングベンダ ……… 1113	ツーバイフォー工法 ……… 27
識別色及び配管識別 ……… 1158	スプリンクラー設備 ……… 288	つり金物 ………………… 149
軸組 …………………… 24, 5	スプリンクラーヘッド …… 291	ティグ溶接 ……………… 1133
自己サイホン作用 ……… 256	スラグ …………………… 1131	抵抗溶接 ………………… 1124
支持金物 ………………… 149	寸法補助線 ……………… 1164	定水位調整弁 ……………… 143
自然換気 ………………… 2133	静水頭 ……………………… 12	ディフューザポンプ ……… 235
自動火災報知設備 ………… 295	セクタ歯車 ……………… 1143	鉄筋コンクリート造（R造）
自動空気抜き弁 ………… 2188	セ氏温度 ………………… 18	…………………………… 29, 19
自動警報装置 ……………… 291	絶縁フランジ …………… 1100	鉄骨構造 ………………… 215
自動巻取り式エアフィルタ	絶縁ユニオン …………… 1100	鉄骨鉄筋コンクリート造
……………………………… 2116	絶対圧力 ………………… 12	……………………………… 219
し尿浄化槽 ……………… 274	絶対温度 ………………… 18	電気事業法 ……………… 1184
尺度 ……………………… 1162	接着剤 …………………… 163	電気設備 ………………… 2155
重力式排水 ……………… 262	洗濯場阻集器 ……………… 157	電気融着式継手 …………… 134
受信機 …………………… 297	センタフォーマ ………… 1107	電気湯沸器 ……………… 244
主体構造 …………………… 24	潜熱 …………… 19, 147, 243	天井 ……………………… 26
手動式せん孔機 …………… 1120	全熱交換器 ……………… 2111	電動パイプベンダ ……… 1115
瞬間式給湯設備 …………… 240	増圧直結給水方式 ………… 239	等角投影図 ……………… 1170

| 同時使用率 …………………2️⃣41
| 動力式せん孔機 ……………1️⃣122
| 独立基礎 ……………………2️⃣11
| 溶込み不良 …………………1️⃣136
| トラップ ……………………2️⃣56
| ドレッシャ …………………1️⃣108
| ドレンチャ設備 ……………2️⃣95

な

流れ線 ………………………1️⃣161
逃し管 ………………………2️⃣48
布基礎 ………………………2️⃣11
ねじゲージ …………………1️⃣82
ねじ接合 ……………1️⃣78, 82, 84
ねずみ鋳鉄 …………………1️⃣19
熱源 …………………………2️⃣48
熱交換器 ……………………2️⃣109
ネットワーク工程表 ………2️⃣162
熱膨張 ………………………1️⃣10
熱融着式継手 ………………1️⃣34
燃焼装置 ……………………2️⃣107
燃料 …………………………2️⃣107
燃料電池 ……………………2️⃣52

は

バーチャート工程表 ………2️⃣162
背圧 …………………………1️⃣40
排煙設備 ……………………2️⃣135
配水管 ………………………2️⃣32
排水トラップ ………………1️⃣55
排水弁 ………………………2️⃣247
排泥弁 ………………………2️⃣189
パイプベンダ ………………1️⃣106
バイメタル温度計 …………1️⃣147
ハウジング …………………1️⃣79
バケットトラップ …………1️⃣56
箱階段 ………………………2️⃣7
はぜ組み ……………………2️⃣271
発火点 ………………………1️⃣12
パッキン ……………………1️⃣45
パッケージ形エアコンディショナ
 ………………………………2️⃣114

はっ水性パーライト保温材
 ………………………………1️⃣66
ハッチング …………………1️⃣170
発泡プラスチック保温材
 ………………………………1️⃣66
はね出し作用 ………………2️⃣57
はり …………………………2️⃣16
ハロゲン化物消火設備 ……2️⃣94
はんだ接合 …………………2️⃣272
BOD …………………………2️⃣74
ビーズ法ポリスチレンフォーム
 保温材 ……………………1️⃣66
ヒートポンプ ………………2️⃣146
引出線 ………………………1️⃣173
ひずみ ………………………1️⃣125
比熱 …………………………1️⃣10
被覆アーク溶接 ……………1️⃣132
標準大気圧 …………………1️⃣2
ビル用マルチユニットエアコン
 ………………………………2️⃣115
ファンコイルユニット ……2️⃣113
不安全な行動 ………………1️⃣205
不安全な状態 ………………1️⃣205
不活性ガス消火設備 ………2️⃣94
沸点 …………………………1️⃣9
沸騰 …………………………1️⃣9
沸騰点 ………………………1️⃣9
プライマ ……………………1️⃣153
プラスタ阻集器 ……………1️⃣57
フラックス …………………1️⃣131
フランジ接合 ………………1️⃣79
ブルドン管圧力計 …………1️⃣142
フレキシブル継手 …………1️⃣37
プレキャストコンクリート
 ……………………………1️⃣24, 71
プレハブ構法 ………………2️⃣8
フロートトラップ …………1️⃣56
分離接触ばっ気方式 ………2️⃣76
分流式 ………………………2️⃣27
平均流速 ……………………1️⃣3, 4
平面表示記号 ………………2️⃣21, 22
べた基礎 ……………………2️⃣11
ベローズ ……………………1️⃣35

ベローズ形熱動トラップ
 ………………………………1️⃣55
ベンド継手 …………………1️⃣36
ボイラ ………………………2️⃣104
防火システム ………………2️⃣79
防食装置 ……………………2️⃣49
防食継手 ……………………1️⃣37
防振ゴム ……………………1️⃣50
防振支持金物 ………………1️⃣50
防振装置 ……………………2️⃣193
防振用管継手 ………1️⃣36, 2️⃣249
膨張係数 ……………………1️⃣10
膨張タンク …………………2️⃣108
膨張弁 ………………………2️⃣266
放熱器 ………………………2️⃣111
ボールタップ ………1️⃣43, 2️⃣179
ボールバルブ ………………1️⃣42
保温 …………………………1️⃣149
保健用空気調和 ……………2️⃣99
補助投影面 …………………1️⃣171
保冷 …………………………1️⃣149

ま

摩擦抵抗 ……………………1️⃣4
マノメータ …………………1️⃣143
満水試験 ……………………1️⃣139
ミグ溶接 ……………………1️⃣133
水の密度 ……………………1️⃣1
水噴霧消火設備 ……………2️⃣93
メータユニット ……………2️⃣174
メータバイパスユニット
 ………………………………2️⃣174
メカニカル式継手 …………1️⃣34
メカニカルジョイント接合
 ………………………………2️⃣215
メカニカル接合 ……………1️⃣79
毛管現象 ……………1️⃣88, 2️⃣57
毛髪阻集器 …………………1️⃣57
木質プレハブ構法 …………2️⃣1, 8
木造 …………………………2️⃣1
木造下地 ……………………2️⃣13
元止め式 ……………………2️⃣41
モルタル ……………………1️⃣63

や

屋根 ……………………… ②6
油圧管曲げ機 ……………… ①106
融解 ……………………… ①10
融解熱 …………………… ①10
融合不良 ………………… ①136
融接法 …………………… ①124
床組 ……………………… ②4, 5
ユニオン ………………… ①31
ユニット形エアフィルタ
 ………………………… ②116
湯水混合水栓 ……………… ②48
洋小屋組 ………………… ②5, 6
溶接接合 ………………… ①78
溶接棒 …………………… ①62
洋風構造 ………………… ②2

ら

ラム式油圧管曲げ機 ……… ①107
リベット締め …………… ②273
流積 ……………………… ①4
流速 ……………………… ①3
流体抵抗 ………………… ①39
流量 ……………………… ①4
量水器 …………………… ①144
ループ通気方式 ………… ②59
冷温水配管 ……………… ②236
冷却水配管 ……………… ②236
冷却塔 …………………… ②147
冷凍サイクル …………… ②137
冷媒 ……………………… ②50, 141
冷媒配管 ………………… ②267

レディーミクストコンクリート
 ………………………… ①72, ②10
連結散水設備 …………… ②93
連成計 …………………… ①142
連続の式 ………………… ①4
ロータリ式 ……………… ①106
ろう材 …………………… ①61
ろう付け ………………… ①89, 124, 130
労働安全衛生法 ………… ①224
労働災害 ………………… ①205
ロックウール保温材 …… ①65
露点温度 ………………… ①149

わ

枠組壁工法 ……………… ②1, 7
和小屋組 ………………… ②5, 6
和風構造 ………………… ②2

平成21年9月

〈作成委員〉

高 柳 茂 宣	株式会社親和設備
平 田 　 眞	有限会社管信工業
平 野 吉 春	有限会社フタバ設備工業
保 科 　 悟	株式会社ホシナ設備
松 本 正 美	有限会社タルヤ設備工業所

〈監修委員〉

| 玉 澤 伸 章 | 東京都立城南職業能力開発センター |
| 戸 﨑 重 弘 | 全国管工事業協同組合連合会 |

（委員名は五十音順）

よくわかる
建築配管　1　共通編　　　　　　　　　　　　　　　©

平成21年 9 月25日　初 版 発 行
平成31年 2 月10日　改訂版発行
令和 5 年 3 月20日　3 刷 発 行

編　者　よくわかる建築配管作成委員会

発行所　一般財団法人　職業訓練教材研究会

〒162-0052
東京都新宿区戸山 1 丁目15－10
電　話　　03（3203）6235
FAX　　03（3204）4724
http://www.kyouzaiken.or.jp

編者・発行者の許諾なくして本書に関する自習書・解説書若しくはこれに類するものの発行を禁ずる。

ISBN978-4-7863-3245-6